Mathias Jung

Vom Kopf zur Pfote

Hundeliebe

W0392044

Mathias Jung

Vom Kopf zur Pfote

Hundeliebe

Zwischen dem Hund und mir geht es nur um das Elementare, um die Nahrung, die Gemeinsamkeit und um Liebe. Es ist das Bündnis von zwei Kreaturen mit dem einzigen Zweck, einander Freude und Beistand zu sein.

Monika Maron
Bonnie Propeller
Eine Erzählung

ISBN 978-3-89189-231-2
1. Auflage 2021
©bei emu-verlags- und Vertriebs GmbH, Lahnstein
Alle Rechte, auch die des auszugsweisen Nachdrucks,
der fotomechanischen Wiedergabe und der
Übersetzung vorbehalten.
Umschlaggestaltung: Simone Kerschbaum
Gesamtherstellung: Eberl & Koesel, Altusried-Krugzell

Die Erinnerung
an meine Neufundländer
ist ein Paradies,
aus dem ich nicht
vertrieben werden kann.

Danke
Gentleman, Halva, Bella

Inhalt

Seelengefährten

Als Sabine mit siebzehn Jahren eine Suizidversuch unternahm, schenkte ihr wundervoller Vater ihr einen Welpen, den Neufundländer Ivan. Sie zog ihn auf. Er zog sie aus der Depression.

Mündlicher Bericht

Tiere sind des Menschen ältere Brüder und Schwestern. Wir lieben sie. Wir quälen sie. Sie haben oft Anlass, uns zu hassen. Der Philosoph Nietzsche (1844–1900) befand: »Ich fürchte, die Tiere betrachten den Menschen als ein Wesen ihresgleichen, das in höchst gefährlicher Weise den gesunden Menschenverstand verloren hat, – als das wahnsinnige Tier.« Die Zweiwertigkeit besteht darin, dass der Mensch einmal einen integralen Bestandteil der Natur darstellt, den Tieren wesensverwandt und aus ihnen evolutionär entstanden. Denn »edle Tiere«, so beobachtete Charles Darwin (1809–1882), »empfinden wie der Mensch Freude und Schmerz, Glück und Unglück«. Umgekehrt ist der Mensch auch ein *vernunftbegabtes* Tier. Er ist zum Gestalter der Welt und zum Architekten seines Schicksals mutiert. Dabei wird er zum Feind der Tiere. Er nutzt und benützt sie. Er massakriert sie jährlich in den Schlachthöfen. Er führt eine Art Weltkrieg gegen die Kreatur.

Im folgenden Buch handelt es sich um die Liebe. Albert, Michael, Christoph, Maria Theresia, meine Geschwister, und ich, liebten Gentleman, den riesigen Neufundländer. Wir spielten mit ihm. Er spielte mit uns. Wir genossen seine Zärtlichkeit. Er unsere. Den Gemütsbrocken Gentleman interessierte es nicht, ob ich ein Bettnässer und Schulversager war. Wenn ich aus dem Internat zurückkam, sprang er freudig an mir hoch. Ich herzte ihn.

Hund tut gut. Er tröstet unsere leidenden Kinderseelen. Otmar, ein Klient von mir, fand Zuflucht bei seinem Hund. Der Vater schlug den kleinen Jungen so grausam, dass er wegen seiner blutigen Striemen auf dem Rücken am nächsten Tag nicht in die Schule gehen konnte: »Als ich wieder einmal tränennass der väterlichen Prügelorgie entrann, kroch ich in die Hütte unseres Kettenhundes Hektor. Da rückte er ganz nahe an mich heran und schleckte mir meine Tränen ab. Von nun an suchte ich immer wieder Zuwendung von Hektor. Eigentlich hätte ich die tröstende Hand meiner Mutter gebraucht. Aber sie war streng und unerbittlich. Jetzt habe ich als alter Mann in einer Hundezeitung den Satz entdeckt: ›Als ich die Hand eines Menschen brauchte, reichte mir jemand seine Pfote‹. Ja, genauso ist es.«

Ich habe meinen Lesern drei Fragen gestellt:

- Was waren die schönsten Erinnerungen mit Deiner Hündin, Deinem Hund?
- Was lehrte Dich Dein Hund?
- Sofern der Seelengefährte schon in die Ewigen Jagdgründe gewechselt ist, wie war Euer Abschied voneinander?

Wenn die drei Neufundländer meines Lebens, Gentleman, Halva und Bella, heute noch einmal schweifwedelnd durch meine Praxistür traben könnten, würde ich jedem von ihnen meine Arme um den Wuschelkopf legen, ihn auf die weiche Seite der Schnauze unter dem Auge küssen und ihm ins Ohr flüstern: »Danke«.

Danke auch, Ihr lieben Schreiberinnen und Schreiber. Für Eure Berichte, die ergreifend, lustig, voller tiefer Beobachtungen, Erkenntnissen und Tröstungen sind: Sie sind Tierpsychologie und Lebensphilosophie in einem.

Wir halten in Deutschland rund zehn Millionen Hunde. Wir verwöhnen sie meist. Machen wir, aus schlechtem Gewissen, an ihnen gut, was wir ihren animalischen Brüdern und Schwestern Böses tun? Der Theologie und Psychoanalytiker Eugen Drewermann kritisiert (in: *Über die Unsterblichkeit der Tiere*): »Mit derselben zweckrationalen Mentalität, mit der man Steinkohle abbaut, geht man heute heran, Tiere als Schlachtfleischlieferanten in riesigen Massentieranstalten maschinell so lange konsumgerecht zu züchten und zu mästen, bis sie verkaufsrentabel den Weg in die Todesfabriken der städtischen Schlachthöfe antreten.« Millionen Tiere werden jährlich in den Laboren der »Wissenschaftler« gequält. Drewermann: »Man züchtet Versuchstiere mit angeborenen Körperschäden, man durchtrennt Versuchshunden die Stimmbänder, um ihre Schreie nicht mehr hören zu müssen. Man enthauptet in Universitäten Tiere zu reinen Demonstrationszwecken, öffnet ihnen den Brustkorb und entnimmt ihnen das Blut bis zum Herzstillstand. Im Dienste der Psychiatrie werden bei Affen, Katzen und Wüstenmäusen grausame Gehirnoperationen durchgeführt, um dann das Fehlverhalten dieser armen Geschöpfe zu beobachten.« Fazit: »Das christliche Abendland kennt keine Ethik, die das Leiden der Tiere und das Leid von Menschen als gleichgewichtig erscheinen ließe. Denn: nur Menschen sind unsterbliche Wesen!«

Von Thomas von Aquin (1224 – 1274), über René Descartes (1596 – 1650) bis Georg Wilhelm Friedrich Hegel (1770 – 1831) wird dem Tier das Lebensrecht abgesprochen. Der Theologe Thomas von Aquin argumentiert (in: *Der Gottesstaat*) aus dem Geiste absoluter Vernunft: »Wenn wir lesen, ›Du sollst nicht töten‹, nehmen wir nicht an, dass sich dies auf Sträucher bezieht, und zwar weil sie keine Empfindungen besitzen, und ebenso wenig auf vernunftlose Lebewesen, ob sie nun fliegen, schwimmen, laufen oder kriechen, weil sie uns durch den Mangel an Vernunft, die ihnen nicht mit uns gemeinsam gegeben ist, nicht zugesellt sind.« Der Philosoph Descartes behauptet, die Tiere seien »Automaten« und »schmerzunfähig«: »Es ist sehr bemerkenswert, dass zwar viele Tiere in manchen Verhandlungen mehr Geschicklichkeit zeigen als wir, dass man aber trotzdem bei denselben Tieren in vielen anderen Fällen überhaupt keine sieht. Der Tatbestand also, dass sie es besser machen als wir, beweist nicht, dass sie Geist haben … Sie haben im Gegenteil gar keinen, und es ist die Natur, die in ihnen, je nach der Einrichtung ihrer Organe, wirkt, ebenso wie offensichtlich eine Uhr, die nur aus Rädern und Federn gebaut ist, genauer die Stunden zählen und die Zeit messen kann, als wir mit all unserer Klugheit.« (aus: *Von der Methode des richtigen Vernunftgebrauchs und der wissenschaftlichen Forschung*).

Ist das Tier eine Maschine? Der Systemphilosoph Hegel (1770–1831) sprach dem Tier Mündigkeit und Willen ab: »Tiere haben kein Recht auf ihren Körper. Die Tiere haben sich zwar im Besitz: ihre Seele ist im Besitz ihres Körpers; aber sie haben kein Recht auf ihr Leben, weil sie es nicht wollen« (aus: *Grundlinien der Philosophie des Rechts oder Naturrecht und Staatswissenschaft im Grundrisse*).

Wie lebensfremd hört sich das alles an. Meine geliebte verstorbene Frau Ilse schenkte mir

1994 unsere erste Neufundländerin: Halva. Anfänglich überließen wir sie in den Ferien der sorgfältigen Betreuung unserer MitarbeiterinNen. Einige wenige Jahre fuhren wir in den Urlaub an den Lago Maggiore. Jedesmal wurde Halva während dieser Wochen krank. Ilse und ich brauchten eine beschämende Weile, bis wir die psychosomatische Ursache ihrer Morbidität erkannten: Halva vermisste uns. Halva litt an Körper und Seele. Dann nahmen wir sie natürlich in das Urlaubsparadies mit. Nie wieder traten diese Krankheitssymptome auf. Friede deiner Asche, du Liebesbrocken auf vier Beinen. Sage einer, Tiere haben ein dickes Fell!

Der römische Schriftsteller Marcus Terentius Varro (116–27 v. Chr.) versuchte das Geschöpf Hund ethymologisch zu definieren: »Hund wird ›canis‹ genannt, weil er nicht singt (non canit).« Der Philosoph Gottfried Wilhelm Leibniz (1646–1716) befand lapidar: »Der Hund ist ein von Flöhen bewohnter Organismus, der bellt.« Dagegen setzte der Philosoph des Pessimismus, Arthur Schopenhauer (1788–1860), das Diktum: »Seitdem ich die Menschen kenne, liebe ich die Tiere.«

Erinnern wir uns an den pompejanischen

Hund Delta. Im Jahr 79 n. Chr. zertrümmerte der Vulkan Vesuv die Stadt und legte Menschen und Tiere unter meterhohe Asche. Delta hatte drei Mal seinen Besitzer und dessen Sohn Severinus das Leben gerettet, wie auf seinem Halsband zu lesen war. Beim vierten Mal legte er sich über das Kind, um es vor der Asche und den giftigen Phosphordämpfen zu retten.

Zwar ist das Tier in der Psychoanalyse noch ein weitgehend blinder Fleck. Dabei nähme es allein schon in der Bindungstheorie von John Bowlby und Mary Ainsworths eine exemplarische Rolle ein. Aber Sigmund Freud war es, der die Ehre der Tiere und ihre Geschwisterschaft zum Menschen beschwörte. Freud (1859 – 1939) erinnerte (in: *Eine Schwierigkeit der Psychoanalyse*) an das Mensch-Tier-Drama mit den Worten: »Der Mensch warf sich im Laufe seiner Kulturentwicklung zum Herren über seine tierischen Mitgeschöpfe auf. Aber mit dieser Vorherrschaft nicht zufrieden, begann er eine Kluft zwischen ihrem und seinem Wesen zu legen. Er sprach ihnen die Vernunft ab und legte sich eine unsterbliche Seele bei, berief sich auf eine hohe göttliche Abkunft, die das Band der Gemeinschaft mit der Tierwelt zu zerreißen gestattete … Der Primitive fand es auf der Stufe des Totemismus nicht anstößig, seinen Stamm auf einen tierischen Ahnherrn zurückzuleiten. Der Mythos, welcher den Niederschlag jener alten Denkungsart enthält, lässt die Götter Tiergestalt annehmen, und die Kunst der ersten Zeiten bildet die Götter mit Tierköpfen. Das Kind empfindet keinen Unterschied zwischen dem eigenen Wesen und dem des Tieres; es lässt die Tiere ohne Verwunderung im Märchen denken und sprechen.«

Und: »Wir wissen es alle, dass die Forschungen C. H. Darwins, seiner Mitarbeiter und Vorgänger, dieser Überhebung des Menschen ein Ende bereitet hat. Der Mensch ist nichts Anderes und nichts Besseres als die Tiere, er ist selbst aus der Tierreihe hervorgegangen, einigen Arten näher, anderen ferner verwandt. Seine späteren Erwerbungen vermochten es nicht, die Zeugnisse der Gleichwertigkeit zu verwischen, die in seinem Körperbau wie in seinen seelischen Anlagen gegeben sind.« Erst im Alter von 72 Jahren wurde der Wiener Psychoanalytiker ein Hundefreund. Er liebte seine Hunde wegen ihrer Ehrlichkeit und Treue gegenüber den Zwiespältigkeiten des Menschen: »Hunde lieben ihre Freunde und beißen ihre Feinde. Im Gegensatz zu Menschen, die zu reiner Liebe unfähig sind und immer Liebe und Hass bei ihren Beziehungen vermischen müssen.«

Ob es die Filme *Lassie*, *Rin Tin Tin* oder *Hachiko* sind, die meisten von uns haben Tränen vergossen über diese weisen Hunde. *Hachiko* ist eine reale Geschichte. Er wurde 1923 in Japan geboren. Er wurde die Liebe seines Herrn Ueno, Professor für Agrarwissenschaft an der Universität Tokio. Er begleitete jeden Morgen seinen Herrn zum Bahnhof und holte ihn abends mit unbeirrbarer Regelmäßigkeit wieder ab. Am 21. Mai 1925 wartete er vergeblich. Professor Ueno war mitten während einer Vorlesung an einer Hirnblutung gestorben. Hachiko wartete zehn Jahre lang zur selben Zeit am Bahnhof auf seinen gestorbenen Herrn. Nach dem Tod wurde Hachiko ein vierbeiniger Nationalheld. Seinen präparierte Körper stellte man im Nationalmuseum der Naturwissenschaften in Tokio auf. Der Film *Hachiko* mit Richard Gere in der Rolle des Professors rührte weltweit Millionen Menschen.

Warum wir gerade den Hund so unerschütterlich lieben und bei seinem Tod in Trauer, manchmal sogar in Depressionen verfallen, erklärte der belgische Literaturnobelpreisträger Maurice Maeterlinck (1862–1949) in seinem Werk *Der doppelte Garten* so: »Der Mensch liebt den Hund, aber wie müsste er ihn erst lieben, wenn er sich klar machte, welche große und einzige Ausnahme in einem Naturganzen von unbeugsamen Gesetzen diese Liebe eines Wesens ist, das, um sich uns zu nähern, die sonst überall undurchdringlichen Scheidewände, die in Arten gezogen sind, zu durchbrechen gewusst hat. Wir sind allein, völlig allein auf einem Planeten des Zufalls, und unter allen Gestalten des Lebens, die uns umgeben, hat sich nicht eine mit uns verbündet, außer den Hunden.«

Ob wir Menschen jemals die Beharrlichkeit und Treue eines Hundes erreichen können? Bei einer Karikatur stieß ich auf zwei Frauen im Café. Die eine, grämlich wirkend, seufzt. »Ich will einen Mann, der loyal ist, treu, geduldig, aufmerksam, nicht nachtragend, selbstlos, ausgeglichen … und ein guter Zuhörer soll er sein!« Die Freundin lakonisch: »Du suchst einen Hund.«

Fünf Geschwister und ein Hund

Wenn wir mit Tieren aufwachsen, verbinden wir uns mit ihm auf fundamentale innere Weise. Der Spruch »Ich bin mit Hunden aufgewachsen« deutet auf eine Sehnsucht nach der Reinheit und Unschuld unserer Kindheit hin, den Wunsch nach einfacheren Zeiten und weniger komplizierten Beziehungen.

Elli H. Radinger

Die Weisheit alter Hunde. Was wir von grauen Schnauzen über das Leben lernen können.

Gentleman, der später große Neufundländer, kam nach Kriegsende in unser altes Arzthaus in Konstanz. Albert, Michael, unser mit neun Jahren verstorbener Bruder, und Maria-Theresia freuten sich über den neuen Spielgefährten. Ich hatte Angst vor dem Wesen. Mein Vater führte, gegen mein Widerstreben, meine rechte Hand in das wollige Fell des vierbeinigen Fremdlings. Es fühlte sich köstlich an. Meine Angst war weg. Ich liebte ihn. Gentleman ist aus unserer Kindheit nicht wegzudenken. Er brachte Leben in die Bude. Er liebte uns Kinder und unsere später geschiedene Mutter bis zu seinem letzten Atemzug. Albert, der Älteste und spätere Internist, erinnerte sich noch an frühe Details: »Unsere Ärztemutter hatte als Patientin die Frau des Chef de cuisine im französischen Offizierscasino. Sie schenkte Gentleman die Speisereste. Sie waren besser als das Essen der Konstanzer Bevölkerung. Nach einer Weile holte sich Gentleman sein Eimerchen alleine ab und ließ sich von Mutter füttern.«

Gentleman passte auf uns auf: »Wenn wir fünf Kinder allein am Bodensee zum Baden waren, wurde wir unserem Hundebademeister anvertraut. Wer weiter als hüfttief draußen war, wurde unermüdlich von unserem Neufundländer zurückgeholt.« In Gentleman steckte auch ein Raubtier. Albert: »Gentleman hatte ein Zughundegeschirr aus Rentierleder und zog den Leiterwagen mit uns fünf Passagieren mit großem Vergnügen die Seestraße entlang. Einmal sah er weit voraus einen Hund in eine Seitenstraße einbiegen. Mit Riesensätzen, quer durch die Rabatten, schleifte er uns im gekippten Karren mit.«

Später konnte Mutter nur mit angezogenen Beinen in ihrem Bett schlafen, berichtet Albert, da der achtzig Kilogramm schwere Bettgenosse am Fußende zu nächtigen beliebte.

Die älteren Brüder stachelten Gentleman zu Übergriffen an. Albert: »Dem Riesentier hatten wir beigebracht, unseren Benjamin Mathias zu apportieren. Für unseren Jüngsten muss es ein unheimliches Geschehen gewesen sein, wenn der bärenstarke Riesenhund ihn ins Unbekannte zog.« Gentleman begleitete unsere Mutter regelmäßig zu ihren ärztlichen Besuchen: »Sie fuhr ein DKW-Cabrio. Gentleman im Fond, mit dem Blutdruckgerät aus Bakelit zwischen den Zähnen. Er wusste um das Gerät als conditio sine qua non (nicht entbehrliche Voraussetzung – M. J.) für Patientenbesuche. Im meiner Praxis habe ich es noch lange aufbewahrt – mit Gentlemans Zahnabdrücken. Wenn es ihm langweilig wurde, stieg er über das Autoheck nach Hause aus. So verkehrsarm war damals unser Städtchen.«

Sein Ende war, vorüber Maria Theresia noch ausführlich berichten wird, tragisch. Albert: »Mutter musste einst für eine Woche ins Krankenhaus. In tiefer Trauer lag das treue Tier Tag und Nacht, ohne zu fressen und Mutters cyclamfarbenen Nachthemd zwischen den Pfoten auf der Eingangstreppe vor dem Haus.«

Was wohl Michael, der mit neun Jahren an einer doppelseitigen Lungenentzündung starb, über Gentleman berichtet hätte?

Christoph, der spätere Kinderarzt, rückt den Rabauken Gentleman ins Bild. Bei seinen langen Spaziergängen am Seeufer weit in den Wald hinaus begleitete er uns: »Das war nicht gänzlich risikolos. Denn dieser große Hund war ein unbarmherziger Hühnerjäger, der sich im Zweifelsfall auch mal mit ganzer Körperwucht zwischen den Maschendrahtzaun eines Hühnerstalls werfen konnte, um sich ein solches Geflügel zu schnappen, das er dann flügelschlagend durch die Gegend schleppte. Wir konnten ihn nicht daran hindern, aber Mutter kannte da eine Hühnerfarm auf der Insel Reichenau, die dann jeweils Ersatz liefern musste. Gentleman scheute auch vor einem Kampf mit konkurrierenden Hunden niemals zurück. Kaninchen und Katzen gehörten ebenfalls in sein Beuteschema, und manch einen von unseren Freuden hatte er auf die Bäume unseres Gartens gejagt und nicht mehr herunter gelassen. Selbst einen Igel hat er hin und wieder vorsichtig im Maul ins Haus getragen und das widerspenstig, kugelig-stachelige Tier erst mit Verzögerung wieder in den Garten gelassen.«

Gentleman hinterließ grausige Schweinereien. Das hat uns offensichtlich nicht gestört. Christoph: »Spätnachts ist er einmal in mein Zimmer eingedrungen und hat dabei grimmig vor sich hingeknurrt. Dann hat seine Halskette geklappert, und rasselnde Geräusche sind an mein schläfriges Ohr gedrungen. Voll übler Ahnung habe ich das Licht angeknipst und gesehen, wie aus einem verwesenden Knochen in seinem Maul hunderte von ekligen Maden auf den Boden geschüttelt wurden, wo sie sich auf den Weg unter die Möbel machten. So schnell war ich wohl noch nie wach! Auch hatte er die überaus peinliche Angewohnheit, sich im Garten in unserem schlammigen Bach zu wälzen und dann, fellschüttelnd, durchs Haus zu marschieren. Manieren sind ihm nie beigebracht worden. Mit uns Kindern hat er sich wilde Raufschlachten geliefert, bei denen uns zwar nie etwas geschah, unseren Kleidern zum Leidwesen unserer Tante Hella aber sehr wohl.«

Dass wir gut katholisch erzogene Kinder jeden Sonntagmorgen geschlossen das Haus verließen und in die Kirche marschierten, gefiel Gentleman nicht. Immer wieder schaffte er es, trotz verschlossener Türen, aus dem Haus auszubrechen. Christoph: »Mitten während der heiligen Messe brachen krachend die Schwingtüren der Kirche auf, und unser riesiger Neufundländer betrat den Kirchenraum. Immer tat er das auf der Bubenseite, weil die auf seinem direkten Weg lag, wenn er zuhause ausgerissen war und unseren Spuren direkt zur Kirche folgte. Immer stellte sich dann folgende fürchterliche Szenerie dar: Wir Buben duckten uns ganz klein und still in unsere Bänke. Der Hund schnüffelte die Bankreihen entlang, und sein freudiges Wedeln verriet uns, dass er fündig geworden war. Der entdeckte Unglückliche von uns, der in besagter Bankreihe saß, musste sich dann eiligst erheben, über die Banknachbarn hinwegklettern und Gentleman am Halsband packen. Dann hatte er ihn aus dem Kirchenraum zu zerren, was Gentleman gar nicht behagte, da er eigentlich vorhatte, uns alle einzusammeln und mit uns geschlossen in freudigem Tanz nach Hause zu gehen. Wenn wir Pech hatten, bellte er protestierend unter der Kirchentüre. Mathias, unser Jüngster, hatte überhaupt keine Chance, den großen Hund zu überwinden, wenn er der ertappte Pechvogel war. Die Gemeinde, so denke ich heute, war eher amüsiert, der Pfarrer sicherlich weniger, und wir Kinder wären am liebsten vor Scham im Boden versunken. Maria Theresia, auf der Mädchenseite, blieb ausnahmslos immer verschont. Und unserer Mutter waren unsere Proteste ebenso gleichgültig wie unser Flehen. Sie verstand das überhaupt nicht, und deshalb begleitete diese Panne unser Kirchenjahr. Ja, eigentlich war das das prägende Merkmal unseres Kirchenjahres.«

Maria Theresia, die spätere Diplompsychologin, notiert dankbar: »In meinem Leben war er der schönste Hund und ist es geblieben bis heute. Der breite, schwere und doch so weiche Kopf, ich meine, ihn noch jetzt spüren und umarmen zu können!« Maria Theresia traf Gentlemans tragischen Abschied besonders schwer: »Sein Sterben und seinen Tod konnte ich nicht miterleben. Unsere Mutter brachte mir die Nachricht ins Krankenhaus, wo ich schwer verletzt lag. Mutter, unser (geschiedener – M. J.) Vater und ich waren an einem eisigen Januarwochenende unterwegs gewesen, um mit ihm Dingo, einen jungen Neufundländer, abzuholen. Der Unfallverursacher hatte mit seinem Volkswagen den meines Vaters frontal zusammengefahren. Mich traf es am schlimmsten und fast tödlich. Unsere Mutter hatte das Krankenhaus viel zu früh verlassen, weil man ihr erzählt hatte, Gentleman säße auf der Treppe vor der Haustüre und sei nicht zu bewegen, diesen eiseskalten winterlichen Platz zu verlassen. Er hatte die blutigen Kleider entdeckt und sie immer wieder abgeschleckt. Als sie zurückkam, hatte er bereits eine schwere Lungenentzündung und starb. Sie gab ihm sein Grab im großen Garten unter einem wunderschönen riesigen Rosenstrauch. Er war ihr ein ganz wichtiger Freund gerade in den schweren Jahren nach ihrer Scheidung. Und ich hatte ihn natürlich seit meiner Kindheit geliebt, wie meine Brüder und wir alle.«

Hunde und Kinder gehen eine besonders tiefe Bindung ein: »Viele Jahre später, wohl erst als Therapeutin, habe ich entdeckt, was eines seiner größten Geschenke für die Familie war: Er hat so oft die Kommunikation verändert. Von Frust und Ärger hin zum Staunen, zur Freude, zum

Lachen.« In einem Ärztehaushalt herrscht oft Stress über die anstrengende Praxis und Reibungen mit drängenden Patienten. Wir Kinder mussten oft den Telefondienst übernehmen und kamen damit nicht zurecht. Maria Theresia: »Was schenkte da der drollige, der freche, der hemmungslos verwöhnte und heißgeliebte Gentleman uns da an wunderbarer Kommunikation! Plötzlich wunderten wir uns, lachten über ihn, ergötzten uns an seinen Tricks, seinen Erfolgen, daran, wie er uns wieder herumgebracht hatte, ihm von eigenen Teller etwas zu geben. Wir erzählten uns seine neuesten Taten und freuten uns sogar, wenn er die ›Richtigen‹ angeknurrt hatte! Wir wetteiferten um die Freude, die uns solche Gespräche brachten. Fazit: Wir waren vereint in etwas ganz Schönem und Interessantem, was zu uns gehörte! Danke, Du so außergewöhnlicher Freund meiner Kindheit und Jugend!«

Ich selbst, Mathias, erinnere mich lustvoll an die Wunderwelt der Spiele und den Überraschungen mit dem schwarzen Hünen. Ein Beispiel ist mir besonders in Erinnerung geblieben: Wir haben, wie Albert bereits berichtete, Gentleman vor unserem Bollerwagen gespannt, in den wir drei Jüngeren uns setzten. Manchmal rannte Albert, der Älteste, voraus. Der Hund nichts wie hinter ihm her. Volle Pulle. Wir schrien vor Begeisterung. Ein weiterer Höhepunkt war das »Dunkelverstecken« im Haus, wenn unsere Mutter gelegentlich abends auf eine Ärztefortbildung ging. Wir löschten alle Lichter, zogen die Vorhänge oder Fensterläden zu und versteckten uns – in Schränken, hinter Stores, in der Badewanne, hinter Kleiderständern oder auf dem kirchenschiffartigen Dachboden des mächtigen alten Hauses. Einer musste suchen. Das ging jedoch nur, wenn wir Gentleman einsperrten. Das gelang uns nicht immer. Er öffnete mit seinen großen Tatzen die Türklinke und begab sich auf die Suche. Irgendwo mussten wir wohl stecken, dachte er vermutlich. Dann stand er plötzlich schwanzwedelnd vor einem Schrank und verriet treuherzig das dort versteckte Geschwister. Er konnte uns riechen! Was für ein Schweinehund!

Als ich später im Internat die Nachricht von seinem Hundetod durch seinen Verlassenheitsschmerz erhielt, weinte ich. Wir alle waren traurig. Wir hatten den Freund und Mittelpunkt unserer Kinderjahre verloren.

Wie erkannte der amerikanische Schriftsteller Thornton Wilder (1897 – 1975): »Viele, die ihr ganzes Leben auf die Liebe verwendeten, können uns weniger über sie sagen als ein Kind, das gestern seinen Hund verloren hat.«

Hundeschmerz

Wenn sich im Paradies eine Menschenseele und eine Hundeseele begegnen, muss sich die Menschenseele vor der Hundeseele verneigen.

Sibirisches Sprichwort

Das Leben eines Hundes ist kurz. Wir überleben ihn. Wir zahlen einen hohen Preis dafür – unseren Abschiedsschmerz. Ob er selbst sein Leben aushaucht oder wir ihn, weil es nicht mehr geht, einschläfern müssen, wir weinen Rotz und Nasenwasser. Darüber berichten unsere Schreiberinnen und Schreiber in einem späteren Kapitel voller Trauer. Der Verlust trifft uns tief. Denn, wie die Psychologin Hanna Rheinz in ihrem Fundamentalwerk *Eine tierische Liebe. Zur Psychologie der Beziehung zwischen Mensch und Tier* konstatiert: »Das Tier stellt die Konstanz der Liebe dar. Das Tier, das immer da sein wird, auf uns wartet. Das Tier, das immer bereit ist, uns zu lieben, wenn wir ihm mit Respekt und Zuneigung begegnen. Das Tier stellt den zyklischen Wandel der Natur ebenso dar wie den

Strom unseres Lebens. Diese Konstanz unseres Liebesobjekts im Tier ist das außergewöhnliche, einzigartige Geschenk, das Tiere Menschen übermitteln. Durch das Tier wird immer jemand da sein, der uns Liebe entgegenbringt und der uns lieben lässt. Ein nie endender Austausch der Zuwendung.«

Aber ist der Schmerz um den Verlust unseres Vierbeiners nicht umso brunnentiefer, wenn er nicht einfach am Alter stirbt, also einer höheren Macht erliegt, sondern uns zu Lebzeiten entrissen wird? Hören wir, wie zwei Kinder und eine Erwachsene diesen Unglücksfall empfanden. Da ist Simone, eine exzellente Grafikerin. Sie hat ihren tierischen Gefährten im Alltag verloren: »Meine Luna, eine wunderschöne Irish-Setter-Dame, ist zum Schmusen und zum Spielen auf die Welt gekommen. Ich habe sie nach Strich und Faden verwöhnt. Kein Abend, wo sie nicht neben mir auf der Couch geschlafen hat und dabei immer wieder Versuche unternahm, auf mich draufzukrabbeln. Sie hat sich selbst wohl für ein kleines Schoßhündchen gehalten – trotz ihrer 45 cm Wuchshöhe und rund 35 kg Kampfgewicht. Genau das ist meine schöne Erinnerung an sie: die ständige Suche nach Nähe und

Körperkontakt, das ununterbrochene Auffordern zum Streicheln. Sie hat mir das Gefühl gegeben, dass nicht nur ich meinen Hund liebe, sondern auch andersherum sie mich bedingungslos liebt. Ein schönes Gefühl.«

Die glühende Hundeliebhaberin, hat auch die hübsche Titelgrafik für dieses Büchlein gezeichnet. Wie war der unerwartete Abschied von Luna? Simone antwortet kurz und bündig: »Als wenn dir jemand mit der Spaghettigabel das Herz rausreißt. Luna lebt heute noch bei meinem Ex-Mann. Sie ist mittlerweile eine alte Hundedame. Und schon rollen meine Tränen.«

Der kindliche Schmerz über den Verlust des einzigen Seelengefährten bricht oft noch Jahrzehnte später mit einer urtümlichen Gewalt auf. Sonja hat dieses Trauma erreicht, als ich auf einem Seminar im Dr.-Bruker-Haus meinen Fragebogen zur »Hundeliebe« verteilte. Sie lässt es mich wissen: »Da hat es mich kalt erwischt. Ich dachte sofort an meinen ersten Hund. Ich habe gemerkt, wie tief der Schmerz sitzt, trotz der Zeit, die mittlerweile vergangen ist: 35 Jahre. Ich war überwältigt von dem Gefühl der Trauer. Ich musste mein Frühstück vorzeitig abbrechen. Ich erkannte ein Muster, das mich begleitet, und mir schossen die Tränen in die Augen. Ich bin erst jetzt fähig zu schreiben, obwohl ich auch wieder mit Tränen in den Augen diese Zeilen tippe. Die Geschichte von meinem Hund Tobi ist leider sehr kurz. Ich frage mich, wie tief ich das alles verbuddelt haben konnte, so dass es erst jetzt wieder zum Vorschein kam.«

Solange sie denken konnte, war Sonjas größter Wunsch, einen eigenen Hund zu haben: »Mein Bitten bei meinen Eltern blieb erfolglos. So musste ich zusehen, als meine beste Freundin erfuhr, dass sie einen Hund bekommen sollte. Ich versteckte mich, damit sie nicht sah, wie ich vor Neid platzte, da mir dieses Glück nicht beschieden war.« Eine Zeitlang konnte Sonja die kleine Hündin Akka von einer Ärztin in ihrer Nähe zum Gassigehen »ausleihen«: »Ich war im siebten Himmel. Als wir in eine andere Stadt zogen, war es aber damit vorbei. Natürlich blieb mein Wunsch bestehen, und da meine Eltern mittlerweile gebaut hatten, gaben sie nach. Endlich zog unser Hund bei uns ein! Er hieß Tobi und war ein Irish-Setter-Mischling. Er war drei Monate alt. Ich übernahm die Sauberkeitserziehung. Wenn etwas daneben ging, wurde ich zum Saubermachen gerufen, aber das war mir gleich.

Ich war glücklich und verbrachte jede freie Minute mit ihm. Es war schön, dass er da war. Seine weiche Schnauze stupste mich an, wenn er seine Streicheleinheiten einforderte. Ging es mir nicht gut, brauchte es keine Worte. Tobi war an meiner Seite.«

Das Glück war begrenzt. Sonja: »Als meine Mutter wegen einer Operation ins Krankenhaus musste, war ihre größte Sorge, dass ihr Hund auf dem Marmorboden sein Geschäft hinterlässt, obwohl nur noch selten etwas danebenging. Alle Argumente, wie ich es trotz Abwesenheit bewerkstelligen könnte, prallten ab. Irgendwie beschlich mich das Gefühl, dass meine Mutter dieses Argument vorschob. So kam es, dass uns Tobi nach vier Monaten wieder verließ. Er kam in eine Familie mit zwei Kindern. Sie holten ihn ab. Es tat mir weh, dass er so mir nichts dir nichts auf die offene Heckklappe sprang. Mir war klar, dass er dafür nichts konnte. Wie sollte er auch wissen, dass wir uns nie mehr wiedersehen würden. Ich lief in mein Zimmer und weinte.«

Der Schmerz wiederholte sich: »In meinem späteren Leben gab es noch zwei Hunde, die mich später verlassen mussten. Vielleicht sollte es nicht sein.«

Sonja resigniert nicht. Sie entwickelt die erwachsene Energie der Liebe: »Heute lebe ich glücklich mit zwei Katzendamen. Egal was kommt, sie würde ich nie mehr hergeben.«

Über Bärbel habe ich in meinem Buch *Die Schätze der Kindheit. Wie ich sie heben und mich damit reich machen kann* berichtet. Für Bärbel endete ihre größte Hundeliebe mit einer Tragödie: »Mit ungefähr vierzehn Jahren hatte ich meinen ersten eigenen Hund. Es war ein Rüde. Er hieß Apollo. Wir waren unzertrennlich. Dieser Hund war alles für mich. Als er im ausbildungsfähigen Alter war, bin ich mit ihm auf den Hundeplatz, und da es ein sehr schöner Rüde war, wurde er auch ausgestellt. Auf den Ausstellungen wurden interessierte Käufer auf ihn aufmerksam. Meine Eltern wollten ihn verkaufen. Für mich brach eine Welt zusammen. Das ist mein Freund! Ich kann ihn doch nicht hergeben. Meine Mutter hat lange auf mich eingeredet, mir die tollsten Dinge versprochen, mir indirekt ein schlechtes Gewissen gemacht, bis ich schließlich einwilligte. Apollo wurde ins Ausland verkauft. Danach habe ich mir nie wieder einen Hund ausgesucht.«

Ich schenkte darauf Bärbel das folgende Gedicht des Dramatikers Friedrich Hebbel (1813 – 1863). Es drückt ihren unsagbaren kindlichen Schmerz aus:

Schau ich in die tiefste Ferne
meiner Kinderzeit hinab,
steigt mit Vater und mit Mutter
auch ein Hund aus seinem Grab.

Fröhlich kommt er hergesprungen,
frischen Mutes den Staub der Gruft,
wie so oft den Sand der Straße,
von sich schüttelnd in der Luft.

Mit den treuen braunen Augen
blickt er wieder auf zu mir.
Und er scheint, wie einst, zu mahnen:
Geh doch nur, ich folge dir.

Denn in unserem Hause fehlte
es an Dienern ganz und gar.
Doch die Mutter ließ mich laufen,
wenn er mir zur Seite war.

Besser gab auch keine Amme
je auf ihren Schützling acht,
und er hatte schwere Waffen
und gebrauchte sie mit Macht.

Seine eignen Kameraden
hielt er mit den Zähnen fern,
und des Nachbars Katze ehrte
ihn von selbst als ihren Herrn.

Doch, wenn ich dem alten Brunnen
spielend nahte hinterm Haus,
bellte er mit lauter Stimme
meine Mutter gleich heraus.

Er erhielt von jedem Bissen
seinen Teil, den ich bekam,
und er war mir so ergeben,
dass er selbst die Kirschen nahm.

Wie die beiden Dioskuren
brachten wir die Tage hin,
einer durch den andern glücklich,
jede Stunde ein Gewinn.

Aber allzu bald nur trübte
uns der heitre Himmel sich,
denn er hatte einen Fehler,
diesen, dass er wuchs, wie ich.

Und an ihm erschien als Sünde
was an mir als Tugend galt,
da man mich ums Wachsen lobte,
aber ihn ums Wachsen schalt.

Immer größer ward der Hunger,
immer kleiner ward das Brot,
und der eine konnte essen,
was die Mutter beiden bot.

Als ich eines Morgens fragte,
sagte man, er wäre fort
und entlaufen wie ein Hase,
doch das war das falsche Wort.

Noch denselben Abend kehrte
er zu seinem Freund zurück,
den zerbiss'nen Strick am Halse,
doch das war ein kurzes Glück.

Denn, obgleich er mit ins Bette
durfte, ach , ich bat so sehr,
war er morgens doch verschwunden,
und ich sah ihn niemals mehr.

Ward er an die Eisenkette
jetzt gelegt von seinem Herrn
oder fiel sein Los noch härter,
weiß ich nicht, doch er blieb fern.

Schau ich in die tiefste Ferne
meiner Kinderzeit hinab ,
steigt mit Vater und mit Mutter
auch ein Hund aus seinem Grab.

Hundeglück

Es sind wirklich die Gründe, weshalb man ein Tier wie Topsy (oder Jofi) mit so merkwürdiger Tiefe lieben kann, die Zuneigung ohne Ambivalenz, die Vereinfachung des Lebens …, die Schönheit einer in sich vollendeten Existenz. Und bei aller Fremdartigkeit der organischen Entwicklung doch das Gefühl einer innigen Verwandtschaft, einer unbestrittenen Zusammengehörigkeit. Oft wenn ich Jofi gestreichelt habe, habe ich mich dabei ertappt, eine Melodie zu summen, die ich ganz unmusikalischer Mensch als die Arie (Liebesarie – M. J.) aus dem Don Juan erkennen musste. Ein Band der Freundschaft bindet uns beide.

Sigmund Freud über sein Hundeglück
an Marie Bonaparte, 6. 12. 1936

Was hörten wir im vorigen Kapitel über den Verlust des Hundes zu dessen Lebzeiten. »Glück und Glas«, sagt der Volksmund, »wie leicht bricht das«. Der Dichter und Theologe Albrecht Goes (1908 – 2000) konstatierte realistisch: »In den meisten Fällen ist Glück kein Geschenk, sondern ein Darlehen.« Aber auch im positiven Fall ist das Hundeglück immer zeitlich begrenzt. Lass deinen Hund über zehn Jahre alt geworden sein, du überlebst ihn um viele Jahre. Das ist der Preis für das »Darlehen«, das er dir gibt. Aber es ist eine Leihgabe voller Überraschungen und Tiefe. Die folgenden Berichte machen dies offenbar.

Regina hat bis heute keinen eigenen Hund, sondern litt sogar unter Hundeangst. Vor zehn Jahren erlebte sie eine außergewöhnliche Heilung ihrer Phobie: »Mein Nachbar und ehemaliger Kollege hatte den Hund seines Sohnes bei sich, einen schwarzen Labrador namens Rocky. Die beiden waren abends spazieren. Ich saß in meinem Auto, als die beiden auf der Beifahrerseite vorbeiliefen. Ich öffnete die Autotür, weil ich meinen Nachbarn etwas fragen wollte. Was soll ich sagen, ehe mein Kollege den Kopf in die offene Beifahrertür stecken konnte, sprang Rocky mit seinem roten Halstuch in den Fußraum vor den Beifahrersitz. Gerade wollte ich Schnappatmung bekommen, als Rocky mir mit treuem Blick direkt in die Augen geschaut hat.« Regina: »In diesem Augenblick fühlte ich, wie sich in meinem Herzen etwas geöffnet hat. Ein unvergessliches Erlebnis. Ab diesem Zeitpunkt haben wir immer wieder den Umgang miteinander gepflegt und geübt. Rocky wurde mein Therapiehund, geführt von Bruno, meinem Nachbarn.«

Die schönsten Erlebnisse mit dem Hund? Sie sind unzählbar. Peggy zählt gleich sechs Glücksperlen mit ihrem »großen Schwarzen«: »Nero war ein Wachhund. Eines Tages, beim Grillen mit den Nachbarn, saß er ganz brav mit der dreijährigen Tochter auf dem Rasen und hat mit ihr zusammen von ihrer Gabel Salat gegessen. ›Ein Gäbelchen für sie, ein Gäbelchen für den Hund‹. Es war ein Bild für Götter. Der Hund war fast doppelt so groß wie sie, doch die Kleine hatte das Sagen. Im Winter musste ich oft mit den Skiern Gassi gehen, da zu viel Schnee lag. Wenn ich keine Lust mehr hatte oder zu müde war, habe ich ihn an die Leine genommen, und er lief immer neben der Loipe und zog mich nach Hause.«

Nero war gehorsam: »Wir wollten einmal einen Zweithund ›aufnehmen‹. Mein Mann ging Gassi mit den beiden und kam mit nur einem wieder. Auf meine Nachfrage, wo denn Nero sei, fiel es ihm auch auf, dass er fehlte. »Wir liefen los und fanden ihn oben am Sportplatz, wo mein Mann ihn mit dem Kommando ›bleib‹ abgelegt hatte, um mit der neuen Hündin zu üben.« Nero blieb.

Nero blieb aber auch ein ständiger Freund und Begleiter: »Er war mein Seelentröster bei der Scheidung. Er war mit im Büro, bei Geschäftsterminen, beim Frisör ... Eigentlich gab es an jedem Tag ›das schönste Erlebnis‹. Frühmorgens mit ihm durch die unberührte Natur zu gehen, Sonnenaufgänge, Strandspaziergänge, abends unser gemeinsames Ritual, die ›Pflichtmusestunde‹. Ach ja, er ›zeigte‹ mir meinen jetzigen Ehemann und hat mich ihm sprichwörtlich übergeben.«

Nero lehrte Peggy, »mich nie aufzugeben, geduldig zu sein, konsequent und zielstrebig und vor allem zu erkennen, was ich möchte und was mir gut tut.« Der Abschied war fast schon magisch: »Wir machten ein verlängertes Wochenende an der Ostsee. Am letzten Morgen gingen wir beide allein unsere Strandrunde. Auf dem Rückweg setzte er sich auf einem großen, fast im Wasser liegenden Stein. Die aufgehende Sonne schien in einem faszinierenden Lichtschein auf ihn. Ich hatte das Gefühl, dass ich ihn sprechen hörte. Er sagte, dass er bald geht und dass er mir etwas hinterlässt. Eine Woche später ist er über die Regenbogenbrücke gegangen. Zu diesem Zeitpunkt war ich Schmerzpatient. Er hat mir meinen Weg daraus gezeigt. Heute bin ich so gut wie schmerzfrei und führte ein ganz normales Leben ohne Medikamente und Therapien. Er wird immer in meinem Herzen bleiben.«

»Lumpi war klug, stur, hingebungsvoll, lebendig, tapfer, frech, willensstark, ausdauernd, mutig, unerschrocken, freiheitsliebend und verfressen.« So schildert Ulf seinen treuen Vierbeiner: »Er war ein verlässlicher und trittsicherer Bergkamerad. Er fehlte auf keiner Tour, die ich und mein Vater, später auch meine jüngeren Geschwister, in unserer heimischen Kleinwalsertaler Bergwelt unternahmen. Lumpi war immer dabei.« Lumpi verduftete gerne »über alle Berge«. Ulfs Familie war beunruhigt: »Nach langem Warten, oft erst spät abends, klingelte das Telefon. Es meldete sich – nicht nur einmal – der damalige Hüttenwirt, der Mindelheimer, mit der erlösenden Nachricht, Lumpi sei bei ihm, er bringt ihn ins Tal. Ein andermal schloss Lumpi sich Feriengästen an und fuhr als ›blinder Passagier‹ im Bus mit ihnen.« Mit fast 16 Jahren starb er an einem schmerzhaften Hüftleiden: »Der Tierarzt ließ ihn friedlich im Arm meines Vaters einschlafen. Sein fragender, hilfesuchender Blick ist uns allen in Erinnerung. ›Wo geht die letzte Reise hin?‹ Wir alle waren zu Tränen gerührt. Im Wohnzimmer breitete sich eine Stille aus. Selten habe ich meine Eltern so emotional erlebt. Der Verlust unseres Lumpis war für uns alle sehr groß. Die Trauer hielt lange an.«

Die glückliche Lösung eines Familienproblems brachte der kleine Mischling Charlie. Das schildert Annette. Der Sohn Simon, den ich kennen lernte und dessen scharfe Intelligenz ich bewunderte, wurde in seinem Temperament und seiner Spurensuche nach dem wahren Leben ein Problem. Annette: »Simon kann auch ruhig sein, sucht aber, seitdem er laufen kann, das Abenteuer. Seine Pubertät dauert bis heute an und ist für die ganze Familie eine echte Herausforderung. Schule ist Nebensache, Eltern sind doof, und am liebsten würde er morgen alles hinschmeißen und zu Fuß nach Katmandu gehen.« Aber Simon räumte ein: »Ein Hund, Mama, für einen Hund würde ich alles tun.« Anette: »Was soll ich sagen? Nach vielen Auseinandersetzungen, Eskapaden, schulischen wie familiären, und dem Wunsch, nach Katmandu zu gehen (was meinem Mann und mir eine innere Unruhe sowie eine große nervliche Belastung bereitete), haben wir uns nach langer Tagung des Familienrates dazu bereit erklärt, Simon den Wunschhund zum Geburtstag zu schenken. Simon war so glücklich mit der Entscheidung, dass er sich spontan dazu bereit erklärte, seine Schule bis zum Abitur zu machen und dass Katmandu warten könne.« Was für ein Wunder!

Annettes Familie entschied sich für den Welpen Charlie, einen Mix aus Bordercollie und Pudel. Sie machten einen Besichtigungstermin im Winterquartier der Zirkusfamilie Bely in Rastatt aus. Damit begann das Abenteuer: »Unsere Fahrt ging voller Vorfreude auf den Welpen pünktlich los und endete nach 120 km, kurz vor Alzey, mit einer kapitalen Motorpanne, die uns eine Weiterfahrt unmöglich machte. Das bedeutete das Aus für den Termin. Aber wie, in den damaligen Coronazeiten, wieder nach Hause kommen? Das Abschleppmanöver durch den ADAC war eingeschränkt: »Vereinbarte Konditionen konnten nicht eingehalten werden, da gewisse Schutzmechanismen vorgeschrieben waren. So war es nicht möglich, einen Mietwagen für uns zu ordern, da die Mietwagenanbieter gar nicht mehr besetzt waren. Vorne im Abschleppwagen durften wir auch nicht mitfahren, wegen der Ansteckungsgefahr für den Fahrer. Also mussten wir ausnahmsweise hinten in unserem Auto auf der Laderampe des Abschleppwagens bis zu unserer Heimatwerkstatt mitfahren. Das war unser erstes autonomes Fahren. Wer den Schaden hat, braucht für den Spott nicht zu sorgen. So eine Autofahrt bei einer Stundengeschwindigkeit von 18 km entschleunigt.«

Anderntags gelang die Fahrt: »In der Hofeinfahrt wurden wir von drei schnatternden Gänsen begrüßt. Die Welpen wackelten uns freudig entgegen. Wir waren direkt verliebt in die kleine Maus. Charlie hat sich von Beginn an bei uns wohlgefühlt. Nicht geweint und nur ihr für Welpen typisches Verhalten an den Tag und die Nacht gelegt. Unser Wohnzimmer glich teilweise einem Schuhlager, größer als bei manch einem bekannten Schuhladen.« Das Wunder ist geschehen: »Simon übernimmt viel Verantwortung und kümmert sich vorbildlich um Charlie. Wir alle rücken als Familie wieder enger zusammen. Ich bin davon überzeugt, dass dieser wunderbare Hund auf uns gewartet hat.«

Es ist ein erfreulicher Ausdruck weit verbreiteter Tierliebe, dass sich heute viele Menschen einen Vierbeiner aus dem Tierheim oder einen Straßenhund aus Spanien, Rumänien oder Ungarn als Gast holen. So hat sich Ursel nach ihrem Henry ihre neunjährige Havaneser-Hündin Lucy aus Ungarn adoptiert: »Die beiden sind mein großes Hobby und meine Leidenschaft. Sie geben mir unendlich viel Wärme und Liebe.« Sie weiß, dass ich ein Hundenarr bin: »Bei einer Rohkostwoche vor einigen Jahren durfte ich Ihre Bella kennen lernen. Ich hatte mich sehr gefreut, im Bruker-Haus einen Hund vorzufinden, und dann auch noch einen so liebenswerten und gutmütigen Neufundländer.«

Hunde bringen Glück. Ursel: »Es sind die alltäglichen Erlebnisse, beginnend am Morgen nach dem Aufstehen. Sobald ich meine Füße neben das Bett stelle, springt Henry, der seinen Schlafplatz neben meinem Bett hat, sofort schwanzwedelnd an mir hoch und freut sich, dass der Tag nun beginnt. Lucy hingegen räkelt sich in ihrer Box, dreht sich auf den Rücken, zeigt ihren Bauch und möchte, dass ich diesen kraule. Dabei grunzt sie dann vor sich hin. Henry fordert ebenfalls weiter meine Aufmerksamkeit. So sitze ich dann vor Lucys Box, streichele beidhändig und freue mich über meine tierischen Mitbewohner.«

Wann immer Ursel nach Hause kommt, freuen sich der alte und der junge Hund: »Nach dem Gassigang begebe ich mich ab und an zum Mittagsschläfchen auf das Sofa. Sobald ich auf das Sofa zugehe, kommen beide angelaufen und legen sich zu mir. Henry legt sich vor mich und schmiegt sich an meinen Bauch, Lucy legt sich in meine Kniekehlen. Es sind wirklich die ganz normalen täglichen Begebenheiten mit den Hunden, die immer wieder schön sind und mir täglich Freude bereiten. Die Hunde lehren mich was Liebe bedeutet. Sie akzeptieren mich so, wie ich bin, ohne Wenn und Aber. Sie lehren mich Achtsamkeit und das Leben so zu nehmen, wie es sich grade anfühlt. Sie leben in den Tag hinein, machen sich keine Gedanken um die Vergangenheit und auch keine Sorgen um die Zukunft.« Ursel, um das nicht zu vergessen, engagiert sich seit Jahren über einen Verein Pflegestelle für Hunde um die bedrohten Vierbeiner aus dem Ausland.

Für einen bedrohten Hund kümmert sich auch Joachim, ein früherer Hochschullehrer. Er ist aufgewachsen auf einem kleinen Bauernhof im Bergischen Land: »Da galten Tiere als Sachen, als Gebrauchsgegenstand, nicht als Lebewesen mit Gefühlen. Sie standen unter Zwang, wurden gezüchtet, geschlagen und als Zugtiere mitunter rücksichtslos überfordert.« Im Ruhestand lernte Joachim wieder eine Partnerin kennen. Sie brachte ihre jüngste Tochter mit. Diese war vom eigenen Vater vernachlässigt und verlassen worden. Sie wünschte sich dringend ein Hündchen »zum Umsorgen, Verwöhnen und Kuscheln.«

Joachim und seine Liebste fanden Wanda: »Eine junge Hündin, Mischling, ein halbes Jahr alt. Sie war in einem europäischen Ausland lieblos misshandelt und ausgesetzt gewesen. Sie hatte Narben am Körper und war entsprechend verstört und menschenscheu. Schließlich wurde sie von einem Tierschutzverein gerettet und nach Deutschland vermittelt.« Wanda beglückt alle: »Sie ist ein so liebes Mitgeschöpf geworden, eine Geschenk von geradezu psychisch heilendem therapeutischen Wert, wenn mal jemand von uns sich traurig oder sonst wie belastet fühlt. Das spürt sie. Dann kommt sie, kuschelt und tröstet. Die Tochter lässt sich sogar von ihr küssen, was für mich anfangs befremdlich war. Ich empfinde es inzwischen jedoch als größtmöglichen Ausdruck von beiderseitiger Zuwendung.

Immer, wenn Wanda mich anschaut, mit wissenden, treuen Augen, bin ich dabei gerührt und dankbar. Wenn ich in ihre Augen blicke, empfinde ich das als großes Geschenk, wie Augen-Blicke in die Ewigkeit. Das alles waren und sind für mich völlig neue und unerwartete, früher für mich nicht vorstellbare Erfahrungen mit einem Tier, geradezu eine Bewusstseinserweiterung. Ist nicht alles Erschaffene heilig? Sollten wir also nicht alles Sein achten und lieben lernen: Für Menschen, Tiere, Pflanzen, Mineralien, die Mutter Erde und die gesamte Natur? Wäre die Erde denn nicht sehr kahl ohne die Tiere und die Pflanzen?«

Urvertrauen also statt Urmisstrauen. Mit Hunden empfinden wir Humor. Ines beschreibt ein lustiges Erlebnis mit dem Bologneser Rüden Wuschel: »Als Wuschel noch ein Welpe war, deckte mein Sohn den Tisch für das Abendbrot. Unter anderem war da auch ein ›Stinkerkäse‹, auf den sich mein Sohn schon ganz besonders freute. Als der Tisch gedeckt war, fehlte der Stinkerkäse! Mein Sohn war fast den Tränen nahe, als er Wuschel mit dem Käse unter dem Tisch fand, dieser schon fast aufgefressen und vollgeschlabbert! Ich musste darüber aber so herzlich lachen, weil man sich an so etwas Lustiges immer gerne wieder erinnert. Manchmal waren auf der Butter auch die Abdrücke von den Hundezähnen zu sehen! Wuschel wusste also damals schon, was gut schmeckt.«

Ines: »Ich liebe Wuschel wie ein Kind. Wir sind beide füreinander da. Er ist ein total lieber, sanfter Hund, treu und bringt mich immer wieder zum Lachen. Alle Tiere sind so wundervoll und einzigartig. Wenn es ihm nicht gut geht, leide ich mit! Nun ist er auch schon dreizehn Jahre alt. Ich darf gar nicht daran denken, wenn er mal gehen muss. Bis dahin aber genieße ich die Zeit mit ihm.«

Mein Lieblingsphilosoph Michel Eyquem de Montaigne (1533–1592), über den ich ein Buch schrieb, resümiert in seinen weltbekannten *Essays*: »Das Meisterstück eines Menschen, auf das er besonders stolz sein kann, ist, sinnvoll zu leben; alles Übrige, wie regieren, Schätze sammeln, sind Nebensache.« Eben das wurde zum Hundeglück für Lisbeth: »Als ich acht Jahre alt war, starb meine Mutter, und mit elf verlor ich meinen Vater. Die Vorahnung meines Vaters war richtig. Die Kraft für einen Hund hätte ich nicht aufbringen können bei der Trauerarbeit. Meine Nächte verbrachte ich mit Weinen. Zum Glück war da meine Katze Mimki. Sie legte sich schnurrend in mein Bett und war einfach da. Das war die Rettung für meine Seele. Als ich mir später endlich meinen Traum erfüllen konnte und mir einen Hund zulegte, hatte mein Leben wieder einen Sinn!«

Wie das? Lisbeth: »Die Spaziergänge und das Toben mit Ronja machten mich glücklich und bereicherten mein Leben sehr. Das Beste an dieser Zeit ist, ich lernte viele Menschen kennen, welche auch einen Hund besaßen. Und Ronja bekam ihre Bewegung. Leider wurde Ronja mit sieben Jahren sehr krank. Sie hatte Krebs. Ich musste sie gehen lassen. So einen Tag vergisst keiner. Viele Tage war ich sehr traurig! Ronja war immer da und hat nicht gefragt, wie ich aussehe oder welche Kleidung ich trage. Sie war eine so große Bereicherung in meinem Leben!!!« Ronja hat einen würdigen Nachfolger gefunden:

»Heute nach gut zehn Jahren haben mein Mann und ich wieder einen Hund. Er heißt Spirit und ist ein Mischling aus Rhodesian Ridgeback und Labrador, also kein kleiner Wegbegleiter. Er bereichert unseren Alltag mit Liebe und Sonnenschein.«

Joschi und der Weihnachtbraten: Petra und ihr Mann hatten den Mut, einen Straßenhund aus Serbien sich und den drei Kindern, elf, acht und vier Jahre alt, zu schenken. Er war so niedlich und so rabiat: »Der süße schwarze Hundeteenager mit den weißen Pfoten und der weißen Schwanzspitze wollte auf keinen Fall alleine zu Hause bleiben. Er wurde dann so nervös, dass er alles anknabberte, was ihm vor die Füße fiel.

Ihn mitzunehmen, stellte eine ebenso große Herausforderung dar. Nicht nur, dass sein Gewicht damals schon 25 kg und seine Größe einen Sitzplatz im Auto einnahm, er war als Findelkind auch nie an das Autofahren gewöhnt worden. Selbst bei sehr kurzen Strecken musste er sich regelmäßig und sehr ausgiebig übergeben. So süß er war, hatte er doch in Wald und Wiesen keinerlei Interesse mehr an uns und jagte hinter allem her, das sich bewegte. So war er manchmal stundenlang verschwunden. Wir saßen zu

Hause mit Herzklopfen und warteten auf seine Rückkehr.«

Joschi war, wie gesagt, gelegentlich auch ein Satansbraten: »Das lustigste Erlebnis mit Joschi war ein Besuch bei meinen Eltern am Heiligabend. Wir waren mit den Kindern im Winterurlaub. Joschi sollte bei meinen Eltern bleiben. Wie immer hatte meine Mutter den Weihnachtsbraten vorbereitet und in der Speisekammer zur Abkühlung auf den Boden gestellt. Dann gingen meine Eltern in die Messe. Als sie nach Hause kamen, bemerkten sie, dass die Tür zur Speisekammer weit offen stand. Joschi hatte sich am Weihnachtsbraten gütlich getan und nur ein wenig Soße übriggelassen. Somit gab es über die Weihnachtsfeiertage bei meinen Eltern nur Rotkohl und Knödel und etwas Soße. Und Durchfall hatte Joschi noch obendrein, da ihm der Braten natürlich nicht gut bekommen war.«

Kinder gehen. Hunde bleiben. Petra: »Die Kinder wurden größer, und nach und nach verließ einer nach dem anderen das Nest. Für mich als Mutter war das ganz schön schwierig. Einer, der immer blieb und bei mir war, war unser lieber Joschi. Er hat mir allein durch seine Präsenz und seine liebevollen Blicke über viele schwere

Stunden hinweggeholfen – bei familiären Verlusten, Tiefschlägen und Enttäuschungen.«

Tiere bringen, wie wir Menschen, eine Vergangenheit mit. Sie bedeutet fröhliche Mitgift und Urvertrauen oder Quälereien und Urmisstrauen. Meine Kollegin Stephanie kann davon ein Lied singen. Die leidenschaftliche Tierfreundin, die in der Flutkrise im Ahrtal erhebliche Spenden für die dort betroffenen Tierheime sammelte, hat selbst die beiden Hunde Lucky und Nicky aus dem Elend in Spanien und Griechenland gerettet. Nicky war zu Anfang sichtlich traumatisiert. Sie zitterte und flüchtete vor allem vor jeder männlichen Person, der sie begegnete. Was hat sie wohl an Grausamkeiten erlebt? Sie pflegte alles in der Wohnung zu verwüsten, was zwischen ihre scharfen Zähne kam. Sie wurde durch Stephanies Liebe geheilt. Heute kann ich mit ihr schmusen. Auf Lucky und Nicky trifft heute der alte Spruch zu: »Wann hat man die Sicherheit, das man jemanden mit hundertprozentiger Sicherheit vertrauen kann? – Wenn er bellt oder miaut.«

Dies erlebte auch Heike: »Rici heilte mich vor meiner Angst vor Hunden. Ich wurde als Kind vom Hund meines Onkels gebissen und hielt mich seitdem von diesen Tieren fern. Mein Mann und meine Kinder wollten dennoch vor acht Jahren unbedingt einen Hund. So kam ein einjähriger Tierheimhund zu uns. Tja und seitdem bin ich von meinem Trauma geheilt. Rici ist ruhig, geduldig und ein echter Herzensbrecher.« Hunde machen uns heiter. Heike: »Unser schönstes, oder besser lustiges Erlebnis mit Rici ereignete sich, als er noch nicht lange bei uns war. Die Maler strichen unsere Wohnung, eine Wand in frühlingsgrün. Kaum war der Maler mit der grünen Wand fertig, schmiegte sich Rici liegend daran. Wir hatten dann ein paar Tage einen schwarz-grünen Hund. Wir lachen auch noch jetzt darüber.«

Da lässt sich nur mit dem Schauspieler und Schriftsteller Peter Ustinov (1921–2004) aus seinem Buch *Was ich von der Liebe weiß* diagnostizieren: »Lachen ist Therapie. Es lässt die Luft aus allem Feierlichen und Pompösen. Es ist meine höchst entwickelte Erfindung, meine vollendeteste und raffinierteste Entdeckung, nur von der Liebe übertroffen.«

Herr oder Sklave

Die Tiererziehung wird zum Spiegel der »Schwarzen Pädagogik«, die vor noch nicht allzu langer Zeit als ideale Erziehungsmethode gepriesen wurde, um andere »empfindungslose« Geschöpfe, eben Kinder, zu zähmen, zu bändigen, zu unterwerfen. ... Dabei eignen sich gerade autoritäre Menschen wohl am allerwenigsten für die Tierhaltung, denn auch eine konsequente Hundeerziehung darf nicht als Herr-Knecht-Verhältnis mit dem Ausleben von Wut und dem starren Festhalten an Prinzipien einhergehen.

Hanna Rheinz

Eine tierische Liebe.
Zur Psychologie der Beziehung
zwischen Mensch und Tier

Den Schriftsteller und Nobelpreisträger Thomas Mann schätze ich bis heute. Seine meisterliche Prosa und psychologische Beobachtungsgabe sind erlesen. Einstieg in seine Dichtung fand ich als Gymnasiast in seiner Erzählung *Herr und*

Hund. Ich war begeistert. Heute bin ich, bei aller literarischer Glanzleistung dieses Hundeporträts, beim Wiederlesen skeptisch geworden.

Doch der Reihe nach. Der Autor kann zu fast jedem beliebigen Gegenstand erzählen wie kein anderer. Nehmen wir zwei köstliche Miniaturen. Bauschan, so heißt der vierbeinige Akteur, rast auf seinen Herrn, eben Thomas Mann, geradezu bedrohlich zu: »Im letzten Augenblick aber, dicht vor dem Anprall, weiß er zu bremsen und einzuschwenken, was sowohl für seine körperliche als seine geistige Selbstbeherrschung zeugt; und nun beginnt er, ohne Laut zu geben – denn er macht einen sparsamen Gebrauch von seiner sonoren und ausdrucksfähigen Stimme –, einen wirren Begrüßungstanz um mich herum zu vollführen, bestehend aus Trampeln, maßlosem Wedeln, das sich nicht auf das hierzu bestimmte Ausdruckswerkzeug des Schwanzes beschränkt, sondern den ganzen Hinterleib bis zu dem Rücken in Mitleidenschaft zieht, ferner einem ringenden Sichzusammenziehen seines Körpers sowie schnellenden, schleudernden Luftsprüngen nebst Drehung um die eigene Achse, – eine Aufführung, die er aber merkwürdigerweise meinen Blicken zu entziehen trachtet, indem er ihren Schauplatz, wie ich mich auch wende, immer auf die entgegengesetzte Seite verlegt. In dem Augenblick jedoch, wo ich mich niederbeuge und die Hand ausstrecke, ist er plötzlich mit einem Sprunge neben mir und steht, die Schulter gegen mein Schienbein gepresst, wie eine Bildsäule: schräg an mich gelehnt, steht er, die starken Pfoten gegen den Boden gestemmt, das Gesicht gegen das meine erhoben, so dass er mir verkehrt und von unten herauf in die Augen blickt, und seine Reglosigkeit, während ich ihn unter halblauten guten Worten das Schulterblatt klopfe, atmet dieselbe Konzentration und Leidenschaft wie der vorhergegangene Taumel.«

Es ist ein kurzhaariger Deutscher Hühnerhund, kein exotisches Exemplar also. Aber wie Thomas Mann sein Aussehen beschreibt! Mann: »Bauschans Färbung ist sehr schön. Sein Fell ist rostbraun im Grunde und schwarz getigert. Aber auch viel Weiß mischt sich darein, das an der Brust, den Pfoten, dem Bauche entschieden vorherrscht, während die ganze gedrungene Nase in Schwarz getaucht erscheint. Auf seinem breiten Schädeldach sowie an den kühlen Ohrlappen bildet das Schwarz mit dem Rostbraun ein schönes, samtenes Muster, und zum Erfreulichsten an seiner Erscheinung ist der Wirbel, Büschel oder Zipfel zu rechnen, zu dem das weiße Haar an seiner Brust sich zusammendreht, und der gleich dem Stachel alter Brusthaare waagrecht vorragt.«

Bauschan – und hier beginnt mein Unbehagen – ist laut Mann: »Bestimmt dem Manne, im Haus- und Familienoberhaupt, unbedingt den Herrn, den Schützer des Herdes, den Gebieter zu erblicken, zu verehren, in einem besonderen Verhältnis ergebener Knechtsfreundschaft zu ihm seine Lebenswürde zu finden und gegen die übrigen Hausgenossen eine viel größere Unabhängigkeit zu bewahren.«

Bauschan heftet sich an den Herrn und Meister: »In der sichtlichen Überzeugung, dass seine Unzertrennlichkeit von mir in der heiligen Natur der Dinge liege«. Ist Würde in einer »ergebenen Knechtsfreundschaft« und von »darin liegenden Natur der Dinge« bedingt? Warnte ein Zeitgenosse wirklich unseren Hundehalter mit dem Hinweis, »diese Art Hunde könne lästig fallen, sie wollen immer beim Herrn sein«. Liebe als Belästigung? Bauschan darf die Wohnräume von Thomas und Katja Mann mit ihren sechs

Kindern und den fünf Angestellten nicht betreten. Er muss draußen schlafen.

Noch mehr Eigentümlichkeiten dieses ebenso treuen wie vitalen Hundes stören den hochgeistigen Schriftsteller: »Aber sobald er schlief, begann er zu träumen, wobei er mit allen vier ausgestreckten Füßen Laufbewegungen vollführte und ein zugleich hohes und dumpfes, gleichsam bauchrednerisches und wie aus einer anderen Welt kommendes Gebell vernehmen ließ. Dass dies erregend und ablenkend auf mich wirkte, kann nicht wundernehmen, denn erstens war es unheimlich, und außerdem rührte und belästigte es mein Gewissen.« Warum? »Dieses Traumleben war zu offenkundig. Nur ein künstlicher Ersatz für wirkliches Rennen und Jagen, weil das Glück der Bewegung im Freien ihm beim Zusammenleben mit mir nicht in dem Maße zuteil wurde, wie sein Blut und Sinn es verlangte. Das ging mir nahe; da es aber nicht zu ändern war, so geboten höhere Interessen, mir die Beunruhigung vom Halse zu schaffen, wobei ich vor mir selbst darauf hinweisen konnte, dass er bei schlechtem Wetter viel Schmutz ins Zimmer brachte und überdies mit seinen Klauen die Teppiche zerriss.«

Warum hat er dann Bauschan angeschafft? Alle Hundehalter wissen, dass ein junger Hund zur Sauberkeit geführt werden und der Staubsauger zur Beseitigung seiner zerstreuten Hundehaare eingesetzt werden muss. Wozu die Aufregung? Aber es kommt noch schlimmer. Thomas Mann konstatiert: »Sein Leben beginnt, wenn ich ausgehe.« Sofern Bauschan ihn begleiten darf. Sonst existiert Bauschan sozusagen nicht. Bauschan wartet ständig »und man weiß doch, wie Warten foltern kann! Sein Leben ist warten – auf den nächsten Spaziergang … Ja, von einem selbstständigen Leben Bauschans, das er ohne mich während dieser Stunden führte, kann nicht gesprochen werden.« Ohne seinen Herrn ist Bauschans Leben angeblich »ein matter Zeitvertreib, ohne Stolz, Glück und Leben«.

Bauschan treibt wie alle Hunde die Sehnsucht nach Freiheit, Welterkundung und Hundekontakten an. Besonders wenn »das Verlangen nach starker Bewegung in allen Muskeln zerrt«. Doch für den berühmten Dichter steht die Arbeit immer und ewig auf Platz 1 seines Tagesablaufs. Das liebesbedürftige Werben seines Hundes rangiert, wie mir scheint, weit hinter dem Ruf »der Welt«. Er ist, so zeigt sich, als

Essenz dieser dichten Erzählung mit ihrer beeindruckenden Darstellung der Natur, autoritär, narzisstisch und himmelweit von dem Gedanken der Geschwisterschaft von Mensch und Kreatur entfernt.

Herr und Knecht, das ist eine Dialektik besonderer Art. Je nach der Wesensstruktur verhalten sich Männer und Frauen spezifisch zu ihrem Vierbeiner. Der Psychoanalytiker Fritz Riemann beschrieb in seinem Jahrhundertwerk *Grundformen der Angst* vier wesentliche Charakterstrukturen. Sie treten meist in Mischformen auf, enthalten jedoch einen dominanten, in der Kindheit erworbenen Zug. Der Schizoide hat als Kind schon lernen müssen, seine Gefühle abzuspalten (*schizein*, altgriechisch: *spalten*). Erwachsen geworden ist er emotionsarm, nüchtern, rational. So mag er sich, wie ein Thomas Mann zu seinem Hund verhalten. Er liebt ihn auf seine Weise, zeigt es wenig, er dirigiert ihn und lässt sich wenig vom Hund formen.

Es kann aber auch das Gegenteil bedeuten, wie ich bei einem Klienten erlebte, nennen wir ihn Jan. Jan war charakterlich pulvertrocken, seine Miene verschlossen, seine Gesten eckig. Mit seiner Frau lebte er in einer Art stummen

Wohngemeinschaft ohne Liebesäußerung. Aber er war verlässlich und sorgte für die Seinen. Jan besaß einen hochtrainierten Schäferhund, ihm erteilte er nicht nur Befehle, sondern er liebte ihn ausdrücklich und mit seltener Fixierung. Er lobte ihn abwechselnd mit den Worten »Schatz« und »Liebling«. Worte die er nie gegenüber seiner Frau äußerte. Jan hatte die Wärme der Liebe als Kind nicht erlebt und auch nicht die Sprache der Gefühle gefunden. Die Liebe machte ihm Angst. Dem stummen Hund gegenüber dagegen konnte er sie äußern, weil von ihm keine Gefahr der Ablehnung drohte.

Der *depressive* Typus, Frau oder Mann, ist nach Riemann geradezu liebessüchtig, neigt zur Selbstaufgabe bis zum Helfersyndrom, grenzt sich nicht ab. Er kennt nicht die Balance von Geben und Nehmen. Ihr oder sein Einstellungssatz könnte lauten: »Ich will um jeden Preis geliebt werden«. Daher sind sie zu einem Hund zu einer bedingungslosen Hingabe und Zärtlichkeit fähig. Sie stehen aber andererseits in der Gefahr, ihn als Liebesersatz zu missbrauchen.

Der oder die *Zwanghafte* zwingt mit seinem Einstellsatz »Ich habe für alles einen Plan« den Hund in eine unterdrückte Figur und ignoriert damit dessen Andersartigkeit und animalische Robustheit. Hanna Rheinz beschreibt dies (in: *Eine tierische Liebe*) so: »Er spricht im Namen der über allem waltenden Normen. Der Hund erfüllt viele der Bedürfnisse, die eine zwanghafte Persönlichkeit an ihr Haustier stellt: Durch drakonische Züchtungen an den Menschen negativ gebunden, unterwirft er sich und läuft mit eingekniffenem Schwanz durch die Welt, immer auf der Suche nach einem Schwächeren, den er nun seinerseits piesacken kann. Er ist ein bissiger, geduckter Kläffer, aggressiv und immer auf der Lauer, das ihm Angetane anderswo heimzuzahlen. »Der Hund, Untertan des Menschen, wird von Kurt Tucholsky trefflich beschrieben: ›Sie regieren auf ihm herum. … Welche Seligkeit, Befehlen zu können.‹«

Der *Hysteriker* oder Narzisst benutzt den Hund als sein Accessoire, als Dekoration seiner vermeintlich strahlenden Persönlichkeit. Der Hund soll ihn anbeten und zugleich erhöhen. Einen Straßenhund aus dem Tierheim kann er kaum wertschätzen. Da muss schon eine auffallende Hundeschönheit her. Der oder die Hysterische lebt von der Selbstdarstellung: »Ich bin, weil ich wahrgenommen werde. Wenn ich mit meinem exzentrischen Vierbeiner auftauche, kann keiner darüber wegsehen.«

Bliebe noch, über Riemanns Charakterologie hinausgehend, als weitere »Charaktermaske« der *Choleriker*. Hanna Rheinz ruft eine schauerliche historische Anekdote in Erinnerung: »Bismarck litt zeit seines Lebens unter Schuldgefühlen, weil er seine Lieblingsdogge Sultan in den Tod hineingeprügelt hatte, denn als er ihn wegen eines unerlaubten Spaziergangs mit harter Hand und Peitsche züchtigte, erlitt er einen Herzschlag. Noch auf seinem Sterbebett fragte er: ›Ist es schon lange her, dass Sultan tot ist?‹«

Der Kern der Tragödie: Der Reichskanzler hat Sultan über alles geliebt. Bismarck: »Wenn ich verreiste, so suchte mich Sultan überall mit großer Traurigkeit. Endlich griff er dann zu seinem Troste meine weiße Militärmütze und ein Paar meiner hirschledernen Handschuhe, trug diese mit den Zähnen nach meinem Arbeitszimmer und blieb dort, mit der Nase an meinen Sachen liegen, bis ich wiederkam.«

Herr oder Sklave – was ist das für ein Widerspruch! Natürlich muss ein junger Hund zur Hygiene und grundsätzlicher Folgsamkeit geführt werden. Das Herrchen und sein Frauchen sind seine Führer, aber nicht seine totalitären Herrscher. Ohne Führung würde ein junger Hund im Stadtverkehr umkommen, sich beim Ausbüxen verirren oder den Briefträger beißen. Aber hervorstechend ist doch die Eigenschaft des Hundes, den Menschen zu lieben, fröhlich und einfühlsam zu sein.

Zitieren wir noch einmal den belgischen Schriftsteller Maurice Maeterlinck: »In dem ganzen ungeheuren Bett der Natur wird man nicht ein Lebewesen finden, das eine entsprechende Schmiegsamkeit, einen ähnlichen Formenreichtum, eine so wunderbare Anpassungsfähigkeit an unsere Wünsche besitzt, und das rührt daher, dass in der uns bekannten Welt, unter den verschiedenen primitiven Lebensgenien, die die Entwicklung der Arten lenken, nicht einer existiert, der sich wie der des Hundes je um das Vorhandensein des Menschen gekümmert hätte.«

Die französische Existenzialistin und Schriftstellerin Simone de Beauvoir (1908–1986) notierte in ihrem Werk *Das andere Geschlecht*, eine Art Jahrhundertwerk der weltweiten Frauenbewegung: »Die Versuchung zu herrschen ist die Größte, die Unwiderstehlichste überhaupt.«

Schaffen wir doch, wenigstens zwischen Mensch und Tier, einen herrschaftsfreien Raum des liebevollen Kommunizierens. Monika hat mir dazu einen berückend schönen Bericht geschrieben, den ich hier in Gänze wiedergeben will.

»Dolma war eigentlich kein richtiger Hund – zumindest erfüllte sie nicht die gängigen Erwartungen an einen Hund. Wenn ich nach Hause kam, lag sie in der Regel im Hof, öffnete ein Auge und bewegte ihre Rute zweimal, was ein Wedeln andeuten sollte. Damit war der Begrüßung genüge getan. Das Öffnen eines Auges war der stürmische Teil, oftmals zuckte nur ihr langbehaarter Schwanz, als würde sie ›Hallo, da bist du ja‹ sagen. Sie war Ihre Hoheit, sie gewährte Audienz und erlaubte großmütig Berührungen, sofern ihr danach war.

Wenn sie mich ansah, blickte sie bis in mein tiefstes Inneres. Sie sah alles, mein ganzes Sein und sie nahm mich bewertungslos genauso an. Ruhig, ohne Kommentar. Sie wusste einfach. Wollte sie sich bemerkbar machen, setzte sie sich still vor unsere Eingangstür. Und egal wo ich mich im Haus aufhielt, spürte ich ihren Ruf. Und wenn ich sie rief, weil ich sie suchte in unserem sehr großen Garten, sah ich sie selten kommen. Irgendwann drehte ich mich um, und da saß sie, sah mich an mit ihrem wissenden Blick. ›Hier bin ich doch, was schreist du so?‹ Und ich brauchte einige Jahre bis ich verstand, dass sie erst aufhörte, vorbeigehende Spaziergänger anzubellen, wenn ich mich für ihre Wachsamkeit bedankt hatte. Wenn sie ins Auto einsteigen sollte, obwohl sie Autofahren nicht mochte, reagierte sie immer auf ein leises ›Bitte‹.

Dolma war eigensinnig, stur, mit ihr konnte man reden. Sie hatte immer eine eigene Meinung. (Und wenn ich das lese, könnte das eine Beschreibung für mich sein …) Kinder, auch fremde, durften bei ihr alles. Kinder wurden beschützt. War Dolma mal wieder alleine auf einem Rundgang durch das angrenzende Wohngebiet, erhielt ich Anrufe von besorgten, schier verängstigten Erwachsenen. Von Kindern, die kaum größer waren als sie, ließ sie sich lammfromm nach Hause bringen.

Dolma war mehr eine Katze, denn ein Hund. Dolma war wissend und entspannt. Sie wusste immer, was sie tun muss und wie es geht. Außer bei Männern. Die mochte sie nicht. Da schien sie unsicher, abwehrend und brauchte lange, bis sie vertrauen fasste. Und manche Menschen mochte sie nie. Einmal kam ein Handwerker auf unser Grundstück – wir erneuerten den Dachstuhl. Dolma bellte, bis der Mann wieder ging. Also viele Stunden. Abends sagte ich zum Baustellenleiter: ›Diesen Mann lasse ich nicht mehr auf unser Grundstück. Mit dem stimmt was nicht.‹ Später erfuhr ich, dass er verhaftet und zu Gefängnis verurteilt wurde.

Unseren Austauschschüler, der mit 15 Jahren zu uns kam, also kein Kind mehr war, schloss sie sehr schnell in unseren Haushalt ein. Wie selbstverständlich gehörte er dazu. Da wusste ich, dass ich diesem jungen Mann vertrauen konnte. Das bestätigt sich bis heute. Als Dolma noch kein Jahr alt war, ging ich in der Dämmerung noch eine kleine Runde spazieren. An eine Parkbank gelehnt stand, etwa 50 Meter entfernt, ein Mann. Aus seiner Handbewegung zog ich den Schluss, dass es sicher besser wäre, nicht an ihm vorbeizugehen, sondern umzudrehen, was ich auch tat. Doch Dolma drehte sich immer wieder um und blieb stehen, so sehr ich sie auch rief. Da bemerkte ich, dass der Mann uns folgte. Dolma blieb stehen, sah ihn an und bellte. Der Mann blieb stehen. Dolma war still. Sobald er weiter auf uns zukam, ging sie ihm ein paar Schritte entgegen und bellte. Er blieb wieder stehen. Sie war wieder still. Das wiederholte sich mehrere Male. Schließlich drehte er um und ging davon. Sofort kam Dolma zu mir, und wir gingen direkt nach Hause. Ich bin meinem Hund bis heute unendlich dankbar.

Ein treu ergebener Hund war Dolma jedoch nie. Und irgendwie doch. Sie erfüllte keine Erwartungen, die waren ihr völlig egal. Sie dachte nach und tat, was sie wollte. Das war nicht immer einfach. Aber sie lehrte mich durch ihre Art, genauer wahrzunehmen, hinzuschauen und anzunehmen, wie sie nun mal war. Wir übten gegenseitigen Respekt. Wir achteten uns. Sie folgte ihrem Lebensplan. Sie war eben, wie sie war.

Meine Dobermannhündin, die vorher bei uns lebte, konnte ein schlechtes Gewissen haben, wenn sie etwas angestellt hatte. Das hatte Dolma nie. Absolut nie. Sie beschützte alle Menschen und Tiere, die zu unserem Haushalt gehörten, und alle Kinder, die ihr begegneten. Unsere beiden Kinder fühlten sich immer sicher, wenn Dolma da war und uns bewachte. Sie wussten, dieser Hund beschützt uns mit allem, was sie hat. Sie wartete geduldig, bis ich mit der Leine kam, und wir spazieren gingen. Sie war unbestechlich. Sie war autonom, selbstbestimmt und unabhängig.

Sie schenkte uns ihre Zeit und ihre Aufmerksamkeit. Ich habe mich viel mit ihr unterhalten, rein gedanklich oder telepathisch. Wir wussten einfach voneinander. Sie wusste auch, wenn ein Tier gestorben war. Sie schien nie zu trauern. Sie schien sich auch nie überschwänglich zu freuen. Sie genoss. Sie war zufrieden. Sie war.

Dolma starb mit 15 Jahren. Sie hatte starke Schmerzen. Wir verkürzten ihren Übergang. Ich wusste, dass es so richtig ist. Ein Blick genügte. Sie starb in meinen Armen. Ich öffnete das Fenster, damit ihre Seele davonfliegen konnte. Eine Woche brannte eine Kerze für sie. Ihr Kissen liegt immer noch vor unserer Eingangstür. Da liegt jetzt unser junger Kater drauf. Die beiden haben sich noch kennengelernt. Manchmal denke ich, er weiß, dass es Dolmas Platz ist. Mich freut, dass das Kissen weiter benutzt wird. Und ich denke oft an unsere selige, eigensinnige Dolma, Ihre Hoheit.

Dolma hat mich viele Nerven gekostet. Sie hat mich viel gelehrt. Achte deinen Hund, seine

Seele, sein So-Sein. Achte dich selbst, deine Seele, dein-So-Sein. Bewerte nicht. Missbrauche nicht. Erwarte nicht. Suche nicht die Anpassung, sondern drücke dich aus und lass andere sich ausdrücken. Und wenn ich mir sicher war, dass etwas sein muss, hat Dolma es akzeptiert. Tat sie es nicht, war ich mir nicht sicher. Hör also hin! Hör einfach genau hin. Lass sein, was ist. Prüfe genau, ob das, was du durchsetzen willst, wirklich wichtig ist, wirklich der bestmögliche Weg ist.

Ihr gelang das viel besser als mir. Nun gut, als Hund ist das vielleicht auch einfacher. Aber zwischen uns haben wir das immer besser hinbekommen. Ich bin so dankbar, dass sie 15 Jahre bei uns war. Und ich wünsche mir, dass ich ohne sie nicht vergesse, zu hören, zu achten und zu sein.«

Unser Hund – eine Hoheit. Ehren wir ihn.

Eifersucht

Eifersucht ist so alt
wie die Menschheit;
als Adam einmal
zu spät heimkam,
fing Eva an,
seine Rippen zu zählen.

Sprichwort aus Flandern

Auch wenn ich das männliche Machtgebaren von Thomas Mann kritisierte, so erweist er sich doch in seiner Erzählung *Herr und Hund* als ein hinreißender Erzähler und Meister der Selbstironie. In einer Passage erzählt er über seine Eifersucht gegenüber Bauschan. Dieser zeigte sich bei einem lang ausgedehnten Waldspaziergang fasziniert vom Tun eines Jägers. Erst setzte ihn der Knall der Büchse in Staunen und dann das Ereignis, wie die geschossene Ente in den Fluss stürzt und der Waldmann sie mit dem Kolben seines Jagdgewehrs aus dem langsam strömenden Fluss fischt. »So war das Werk getan, und der Mann atmete auf. Er legte die Waffe neben sich an das Ufer, zog sein Felleisen von den Schultern, stopfte die Beute hinein, schnallte den Sack wieder auf und stieg, so angenehm beladen, gestützt auf seine Flinte wie auf einen Stock, in guter Ruhe über das Geröll und gegen die Büsche empor. ›Nun, der hat seinen Braten für Morgen‹, dachte ich mit Beifall und Missgunst. ›Komm, Bauschan, nun gehen wir, weiter geschieht nichts.‹ Aber Bauschan, nachdem er aufgestanden war und sich einmal um sich selbst gedreht hatte, setzte sich wieder und schaute dem Mann nach, auch als dieser vom Schauplatz schon abgetreten und zwischen den Sträuchern verschwunden war.«

Der Berichterstatter, unser Nobelpreisträger, ist offensichtlich gekränkt. Thomas Mann: »Es fiel mir nicht ein, ihn zweimal zum Mitgehen aufzufordern. Er wusste, wo wir wohnten, und wenn er es vernünftig fand, mochte er noch längere Zeit hier sitzen und glotzen, nachdem die Sache sich abgespielt hatte und nichts mehr zu sehen war. Der Heimweg war lang, und ich für meinen Teil machte mich daran, ihn zurückzulegen. Da folgte er denn.« Aber Bauschan ignoriert seinen Herrn: Er »ging etwas hinter mir im Schritt und zog eine Art von Maul, wie ich bemerken musste, wenn ich mich zufällig einmal nach ihm umsah. Das hätte hingehen mögen, und viel fehlte, dass ich mich dadurch in Harnisch hätte jagen lassen; im Gegenteil war ich geneigt, zu lachen und die Achseln zu zucken. Aber alle 30 bis 50 Schritte *gähnte er*, und das war es, was mich erbitterte. Es war das unverschämte, sperrangelweite, grob gelangweilte und in einem piepsenden Kehllaut begleitete Gähnen, das deutlich ausdrückt: ›Ein schöner Herr! Kein rechter Herr! Ein lumpiger Herr!‹, und wenn der beleidigende Laut mich niemals unempfindlich lässt, so war er diesmal vermögend, unsere Freundschaft bis in den Grund zu stören.«

Unser literarischer Spaziergänger verliert die Fassung. Er wird verbal ausfällig: »Geh!, sagte ich, geh fort!. Geh doch zu deinem Herrn mit der Donnerbüchse und schließe dich ihm an, er scheint ja nicht im Besitz eines Hundes, vielleicht kann er dich brauchen zu seinen Taten. Er ist zwar nur ein Mann in Manchester und kein Herr, aber in deinen Augen mag er ja einer sein, ein Herr für dich, und darum empfehle ich dir aufrichtig, zu ihm überzugehen, da er dir denn nun einmal einen Floh ins Ohr gesetzt hat, zu seinen übrigen. (So weit ging ich nun). Ob er auch nur einen Jagdschein aufzuweisen hat, wollen wir ihn nicht fragen, es könnte sein, dass er in Ungelegenheit käme, wenn man euch eines Tages bei eurem sauberen Treiben ertappt, aber das ist eure Sache, und mein Rat ist, wie gesagt, der Aufrichtigste. Über dich Jäger! Hast du mir je einen Hasen gebracht für meine Küche, von all denen, die ich dich hetzen ließ? Meine Schuld ist es nicht, wenn du keinen Haken zu schlagen verstehst und mit der Nase in den Kies fährst wie ein Narr, in dem Augenblick, wo es gälte, Gewandtheit zu zeigen! Oder einen Fasan, der doch nicht minder willkommen gewesen wäre in den schmalen Zeiten? Und jetzt gähnst du! Geh, sage ich, geh zu deinem Herrn mit den Wickelgamaschen und sieh zu, ob er der Mann ist, dich an der Kehle zu graulen und dich gar dahin zu bringen, dass du lachst – meinem Dafürhalten nach kann er selbst kaum lachen, höchstens sehr roh.« Soweit der eifersüchtige Poet.

Aber ich selbst, Mathias, habe wenig Grund, arrogant über den Großschriftsteller zu richten. Denn meine Engherzigkeit habe ich in meinem Büchlein *Eifersucht – ein Schicksalsschlag? Von Liebe, Freiheit und Besitzgier* gleichermaßen aktenkundig gemacht. Es handelte sich um Halva, meinen Hund. Er war, bis er 2006 starb, ein wahrer Gemütsbrocken von Neufundländer, siebzig Kilo schwer und eine Naturgewalt an Kraft und überwältigender Liebesgefühle. Ich liebte Halva heiß, um so mehr als sie gleichsam die Reinkarnation Gentlemans war, wie wir wissen, der geliebte Hund meiner Kindheit. Manchmal nahm ich sie in die Arme und drohte ihr sanft: »Ich bin dein Herr und Gott. Du sollst keine anderen Götter neben mir haben.«

Ich liebte sie sozusagen mit Haut und Haaren. Ich mochte sie am liebsten vor Besitzerfreude und Liebe auffressen. Das wiederum machte manchmal meine Frau Ilse eifersüchtig. Aber das wäre ein Kapitel für sich. Nein, es ging um Erika, die *mich* eifersüchtig machte. Denn jedesmal, wenn Erika, die ausgezeichnete, inzwischen verstorbene Lehrköchin unseres Gesundheitszentrums, das Haus betrat, wurde ich eifersüchtig, ohne es zunächst zu ahnen.

Erika besaß nämlich ein Privileg. Wenn sie einen Kurs durchführte, durfte sie, mit meiner ausdrücklichen Genehmigung, Nacht für Nacht Halva zu sich in ihr Appartement nehmen. Sie war eine begeisterte Hundefreundin. Eine lange

Woche hindurch vermisste ich dann doch, trotz meiner angeblichen Großmütigkeit, Halva, schlafend vor unserem Bett. Ich vermisste es, dass sie mich morgens weckte, meine Nase stupste und fröhlich mit dem Schwanz wedelte. Ich wurde eifersüchtig. »Dieses Biest ist doch eine Schlampe!«, dachte ich, »eine ganze Woche lang geht sie fremd.« Schlimmer noch: »Die tut nur so, als ob sie mich liebt. In Wahrheit bin ich durch jeden anderen zu ersetzen. Hauptsache, er bringt, wie Erika, diesem Flittchen etwas Fleisch mit und verwöhnt sie.«

Am liebsten wollte ich Halva, wenn ich am anderen Morgen wieder auf sie stieß, eine Szene machen oder sie einfach schneiden, an ihr vorbeisehen, sie kühl ignorieren. Ich war ein richtiger kleiner Giftzwerg. Ich fühlte mich allerdings mies dabei. Denn Halva, die Gute, unterlief mit ihrer treuen Seele alle meine emotionalen Schäbigkeiten. Sie wartete schon in der Halle auf mich. Sie schaute sehnsüchtig zu unserer Wohnungstür hinauf. Sie sprang mich mit der ganzen Lust ihres kindhaften Gemütes an. Sie ahnte gar nicht, wie kleinkariert ihr Herrchen war. Sie beschämte mich mit ihrer Großmut.

An diesem Erlebnis ist mir einiges an der

Struktur der eigenen Eifersucht klar geworden. Zunächst einmal würde ich mich eher zu den Männern zählen, die von sich selbst behaupteten, nicht eifersüchtig zu sein. Diesen dummen Spruch habe ich doch tatsächlich Jahre lang von mir gegeben. Dass ich damit einem gewaltigen Mechanismus der Verdrängung erlag, ist mir an diesem Hundeexempel deutlich geworden. Denn gerade gegenüber einem Tier geben wir uns unverfälschter und triebhafter. Wir artikulieren stärker unser Unbewusstes, als wir dies gegenüber einem Menschen wagten. In der menschlichen Begegnung verfälschen das Über-Ich und seine kontrollierenden Instanzen das wahre Bild unserer innersten Strebungen.

In meinem Fall wurde sichtbar: Diesen Hund, diese Halva, wollte ich ganz und gar. Als Jüngster von fünf Kindern musste ich so vieles mit den Geschwistern teilen, die geliebte Mutter und Gentleman. Ich habe das zähneknirschend getan. Damit sollte es jetzt, mit dem vierbeinigen Objekt meiner obskuren Begierde, ein definitives Ende haben. Der kleine Mathias in mir, das Kind-Ich, war nämlich leicht zu erschüttern: *Werde ich von Halva wirklich geliebt? Liebt sie mich ausschließlich?* Meine Formulierung der letzten Frage war verräterisch und mir auch wohl nur gegenüber einem Hund so unverhüllt herausgerutscht. Ich wollte also, wenn ich ehrlich war, eine *ausschließliche Liebe*.

Womit wir beim Thema sind. Eifersucht zielt also auf die Ausschließlichkeit, die Exklusivität, das Monopol einer Liebe. Aber gibt es das überhaupt? Ist das wünschenswert? Können wir einen Menschen besitzen? Kann ein anderes Wesen, also der Hund, nur mich im Sinn haben? Vor allem aber: Warum brauche gerade ich diesen Absolutismus der Liebe? Was besagt dieses suchtähnliche Besitzgier über meine seelische Situation?

Es sieht so aus, als ob sich meine Seele in ihrem Durst nach Bestätigung infantil, also unerwachsen, verhielt. »Eifersucht«, so sagt der Volksmund, »ist eine Leidenschaft, die mit Eifer sucht, was Leiden schafft.« Was suche ich also, wenn ich eifersüchtig bin? Antwort: Gegen die Eifersucht, auch und gerade gegenüber unserem geliebten, harmlosen Hund, gibt es letztlich nur zwei Medikamente: Die wiedergefundene Liebe zu sich selbst und die Freiheit – für sich und den anderen. Die Eifersucht ist die dunkle Schwester der Liebe. Diese unberechtigte Eifersucht zu bewältigen, heißt nachzureifen. Selbst erst eine Persönlichkeit zu werden, meinen Minderwertigkeitskomplexen eine Seebestattung an der tiefsten Stelle meines Seelenozeans zu bescheren und ein für allemal das Gefängnis der Selbstabwertung und des Ausschließlichkeitsanspruch der Liebe zu verlassen.

Aber auch Halva erwies sich als eifersüchtig. Ilse und ich feierten unsere Hochzeit in dem mächtigen Dachgewölbe der Winzereigenossenschaft der Südtiroler Gemeinde Kalterer See. Unsere Mitarbeiterinnen und Mitarbeiter vergnügten sich mit uns. Auch Halva war dabei: Friedlich lag sie unter unserem Tisch. Dann eröffneten Ilse und ich nach dem üppigen Buffet und den köstlichen Weinen des gesegneten Landes traditionsgemäß den Abend mit dem Hochzeitstanz. Da war es mit Halvas stoischer Gelassenheit vorbei. Sie schoss auf die Tanzfläche. Sie drängte sich zwischen Ilse und mich. Ilse schob die Eifersüchtige mit einer Hand weg. Halva drängte stärker. Ilse schob sie mit beiden Händen weg. Da kniff ihr Halva in die rechte Pobacke.

Wie bemerkte Rosa, eine Klientin von mir, zu ihrem verdattert dreinschauenden Mann

Robert: »Du wirst eifersüchtig, wenn ich einen Mann anlächle oder wenn ich unseren schönen ungarischen Hirtenhund Prinz streichele. Das ist dein Problem, ausschließlich deines.« Und lachte aus voller Kehle. Das hätte ich Halva sagen müssen. Aber ich Rohling lachte auch.

Hundeseele

Wir, uns auf die christliche Theologie berufend, behaupten, Tiere fallen nicht unter das Tötungs-Verbot, denn sie haben keine Seele. Es gab einmal eine Zeit, in der diese Kirche auch von den Frauen glaubte, sie hätten keine Seele oder doch eine viel niedrigere, als Männer sie haben. Es gab auch eine Zeit, in der man glaubte, »Neger« hätten keine Seele und dürften darum als »Sklaven« wie nicht-lebende Ware verkauft und straflos getötet werden.

Luise Rinser
(1911 – 2002)
Vorwort zu Eugen Drewermann
Über die Unsterblichkeit der Tiere

»Seit Jahrtausenden beschäftigen sich Theologen mit der Frage nach der Tierseele. Augustinus (354 – 430) war sich sicher, dass nur Menschen eine unsterbliche Seele haben. Auch Thomas von Aquin meinte wie gesagt, Tiere seien nicht für die Ewigkeit geschaffen. Diese Haltung prägt heute noch das Christentum und andere Glaubenswelten. Nur Rudolf Steiner sieht in Tieren beseelte Lebewesen.

Haben Hunde eine Seele? Was bedeutet Seele überhaupt? Die Philosophen streiten darüber seit Jahrtausenden. Platon (428 – 348 v. Chr.) behauptete in dem Dialog *Gorgias*: »Der Leib ist das Grab der Seele.« Sein Nachfolger Aristoteles (384 – 322 v. Chr.) konstatierte in seiner Schrift *Psychologie*: »Der seelische Zustand ist vom Körper abhängig und besteht nicht für sich unbeeinflusst von den Bewegungen des Körpers. Dies erkennt man ganz deutlich bei der Trunkenheit und bei Krankheiten.« Montaigne (1533 – 1592) verstand die Seele weniger als Substanz, also als Verdinglichung, sondern prozessual als das von der Außenwelt geprägte Seelische: »Unsere Seele weitet sich in dem Maße, wie ihr neue Inhalte zugeführt werden« (Essays). Er sprach also vom *Seelischen*, keiner Substanz.

Fragen wir einen kritischen Theologen und Psychoanalytiker als Fachmann: Eugen Drewermann. Scharf kritisiert er die Überheblichkeit der christlichen Anthropozentrik. Was heißt das? In seinem schmalen Buch *Über die Unsterblichkeit der Tiere* legt er einen geschliffenen Essay zum Thema Tierseele vor.

Drewermann hält die Zentrierung der christlichen Weltsicht auf den Menschen für katastrophal: »Während die Mythen der Völker mit Hilfe ihrer symbolischen Bilder den Menschen in die umgebende Natur einzuordnen versuchen, wird in der christlichen Konzeption die gesamte Welt in die Menschenwelt eingeordnet.« Und: »In der Anthropozentrik der christlichen Welt … bleibt der Mensch im Guten wie Bösen das Hauptthema des Weltalls; er und sein Schicksal entscheiden über den gesamten Kosmos; alles, was existiert, ist auf ihn hin geschaffen. Es ist eine Theologie, die sich wie in den Tagen des *Galilei* einfachhin weigert, zu sehen und zur Kenntnis zu nehmen, was wir bei einem bloßen Blick durchs Mikroskop und Teleskop erkennen müssten: die komplette Widerlegung der christlichen Anthropozentrik allein schon durch die Dimensionen des Raumes und der Zeit, in denen das Weltall in majestätischer Weite und Größe besteht.«

Drewermann ermahnt seine Kolleginnen und Kollegen auf der Kanzel zur Liebe zur Kreatur: »Kaum der einer heute schreibenden Theologen macht sich wirklich klar, dass insbesondere unsere nächsten Verwandten, die *Gorillas* und *Schimpansen*, über die gleichen angeborenen Ausdrucksbewegungen verfügen wie wir Menschen: Sie können lachen und weinen, sich freuen und Angst haben, zärtlich und zornig sein, und im Schlaf sind sie fähig zu träumen. Wer eigentlich hat uns erlaubt, Lebewesen, deren Intelligenz und Gefühlsrepertoire ungefähr dem Stand unserer eigenen Vorfahren vor zirka zwei Millionen Jahren entspricht, brutal ihren Lebensraum zu zerstören und sie schließlich in einigen wenigen überlebenden Exemplaren in ewiger Gefangenschaft zu halten?«

Der Geisteswissenschaftler kommt zum Schluss: »Nach einem mehr als tausendjährigen ideologischen Kampf der christlichen Theologie um die absolute Sonderstellung des Menschen, ist heute durch die Ergebnisse der Psychoanalyse und Verhaltensforschung die Einsicht nicht länger abzuweisen, dass es ein einziger Strom des Lebens ist, der uns Menschen ermöglicht hat und weiterträgt.«

Unter Berufung auf den Philosophen Immanuel Kant (1744–1804) schlägt Drewermann eine wahrhaft salomonische Lösung der Seelenfrage des Tieres vor: »Davon überzeugt, dass sich weder die Substanzialität noch die Ewigkeit der menschlichen Seele mit den Mitteln des Verstandes beweisen lasse, konstruierte er (Kant – M. J.) gleichwohl den Glauben an die Unsterblichkeit der Seele, als eine subjektiv notwendige Bedingung, um angesichts der Kürze des irdischen Lebens die Forderung des Sittengesetzes als sinnvoll denken zu können; die Moralität des Menschen im Umgang mit seinesgleichen bräche zusammen ohne den Glauben an die Unsterblichkeit. Nicht ganz verschieden davon dachten die Alten Ägypter, nur dass sie den Bereich ihrer ›Postulate‹ auch auf die Tiere ausdehnten: Die Tiere müssten als unsterblich vorgestellt werden, damit sie als Träger eigener Rechte … die Menschen zu Gerechtigkeit und Schonung anhielten.«

Es bleibt also mit Kant und Drewermann zu sprechen, die Aufgabe, uns den Tieren gegenüber so zu verhalten, *als ob* sie eine Seele hätten. Drewermann: »Wir brauchen zumindest als regulative Idee (schöpferische Als-Ob-Vorstellung – M. J.) unserer praktischen Vernunft den Glauben an die Unsterblichkeit der Tiere, um eine Ethik zu begründen, die auf unsere Mitgeschöpfe die geschuldete Rücksicht nimmt. Nicht ›erlösen‹ müssen wir die Tiere, wohl aber haben wir die Pflicht, sie nach Möglichkeit in Ruhe zu lassen. Es gibt keinen Ort der Erde, an dem sie nicht vor uns dagewesen wären.«

Mir scheint, diese dialektische Überlegung können wir, ob wir gläubig oder Freigeister sind, akzeptieren.

Vielleicht reicht auch einfach die eigene Erfahrung im Zusammenleben mit unseren Haustieren. Obwohl sich zum Beispiel der Hundehalter René die Frage nach der Tierseele nie gestellt hat, liefert ihm seine Hündin Kira eine berührende Antwort. Kira bekommt Nachwuchs mitten in der Nacht. René versucht ihr beizustehen. Die Wehen bleiben lange Zeit wirkungslos, kein Welpe erblickt das Licht der Welt. Vorsichtig tastet er sich in den Geburtskanal und bekommt eine kleine Schnauze und eine Pfote zu fassen. Mit jedem Pressen zieht René das Hundebaby weiter hinaus und hält schließlich einen leblosen Welpen in den Händen.

Kira beleckt ihr Kind intensiv, atmet in die winzigen Nasenlöcher und gibt alles, um dem Tierchen Leben einzuhauchen. Vergeblich. Erst als der zweite quicklebendige Welpe ankommt und die volle Aufmerksamkeit der Hundemama fordert, legt René das Erstgeborene außerhalb der Wurfkiste zur Seite. Jetzt geht es zügig weiter, und nach vier Stunden nuckeln vier gesunde Welpen an den Zitzen. Als die Kleinen sich im Knäuel zusammengerollt haben, erhebt sich Kira, leckt ihrem Herrchen die Hand, verlässt die Geburtskiste und geht zum toten Welpen. Vorsichtig trägt sie ihn ins Wochenbett. Sorgsam legt sie ihr verstorbenes Hundebaby zu den vier anderen. Sie kuschelt sich dazu und schaut René tief in die Augen. Die füllen sich mit Tränen. Wenn dieser Hund keine Seele hat, wer dann? René: »Diese vierbeinige Lehrmeisterin hat meiner inneren Gewissheit, dass Tiere eine Seele haben, eine neue Tiefe verliehen.«

Hoffentlich wächst künftig aus dem Wahrnehmen unserer tierischen Begleiter in ihrer Ganzheit von Körper, Geist und Seele der Respekt vor allem Lebendigen. Das könnte die Welt besser machen.

Den Respekt zollte René natürlich auch dem kleinen verstorbenen Welpen bei einem abendlichen Begräbnis, mit dem Kira auch sichtbar einverstanden war.

Was haben wir Menschen den Tieren angetan! Christian Morgenstern (1871–1914), der Schriftsteller und anthroposophische Denker, fasst es in seinem Reflexionsbuch *Stufen* in die Worte: »Ganze Weltalter voll Liebe werden notwendig sein, um den Tieren ihre Dienste und Verdienste an uns zu vergelten.«

Weisheit

Die Augen des Tiers haben das Vermögen einer großen Sprache. Selbstständig, ohne einer Mitwirkung von Lauten und Gebärden zu bedürfen, am Wortmächtigsten, wenn sie ganz in ihrem Blick ruhen, sprechen sie das Geheimnis in seiner naturhaften Regelung, das Ich in der Bangigkeit des Werdens aus. Diesen Stand des Geheimnisses kennt nur das Tier, nur es kann ihn uns eröffnen.

Martin Buber (1878 – 1965)
Jüdischer Religionsphilosoph
Das dialogische Prinzip

Aus den anrührenden Berichten von euch weiblichen und männlichen Liebhabern entnehme ich, Hunde sind Krafttankstellen. Sie schenken uns mit ihrer sanften Macht Gesundheit an Leib und Seele. Das ist wörtlich zu nehmen. Kardiovaskuläre Erkrankungen bilden bekanntlich die häufigste Todesursache. Hundebesitzer, das wissen wir aus zahlreichen Studien, haben ein geringeres Risiko, daran zu erkranken. Herzinfarktpatienten wiederum haben eine höhere Überlebenschance, wenn sie ein Tier halten. Wer einen Vierbeiner an seiner Seite hat, setzt sich öfters mit ihm in Bewegung und ist, psychosomatisch gesprochen, von seinem Seelengefährten warm ummantelt. Das wirkt blutdrucksenkend. Denn Hunde wirken als Stresspuffer.

Wenn ich meinen Liebling streichele, beschere ich mir eine Wohltat für Körper und Geist. Das Bindungshormon Oxytocin befeuert uns beide. Als Familienmitglied wirkt der Hund wie ein Antidepressivum. Vereinsamten alten Menschen vermittelt er Liebe und Lebenssinn. Er verringert die Suizidalität nach dem Motto: »Ich kann doch meinen Struppi nicht allein lassen.«

Kinder und Jugendliche, die mit einem solchen Struppi aufwachsen, verfügen über bessere kognitive Fähigkeiten als Gleichaltrige ohne Hund. Sie sind in der Regel temperamentvoller und haben ein größeres Selbstbewusstsein. Schon als Plüschtiere bilden sie die erste große Liebe des Kindes. Reale Hunde fungieren als Helfer in der Therapie, in Altersheimen, in der tiergestützten Pädagogik, als Kummerkasten,

»Kollegen« in der Arbeit, als Polizei- und Rettungshunde, Blindenhunde und als letzter Partner des Einsamen.

Marco Mitter arbeitet, wie ich der *Rhein-Lahn-Zeitung* vom 27.11.2020 entnahm, bei der Rettungswache Nastätten des Deutschen Roten Kreuzes. Er und seine Mitstreiter sind vor wenigen Jahren mit der Initiative *Gaming gegen Krebs – Pfoten für die Seele* an den Start gegangen. »Gaming« heißt »spielen«. Sie sammeln Spenden für die Hundetherapie in der Wiesbadener Palliativstation. Durch ihre einfache Anwesenheit findet die Hündin Sissi Zugang zu den todkranken Menschen und schenkt ihnen Glücksmomente. Sie wirkt als »Eisbrecher«.

Wie kam der heute zweiunddreißigjährige Marco zu diesem pfotigen Engagement? Er erinnert sich: »Als ich acht Jahre alt war, ist meine Mutter an Krebs gestorben. In dieser extrem schwierigen Zeit hat mir der Umgang mit meiner Schäferhündin Jane unglaublich geholfen. Damals wurde mir bewusst, wie viel Trost Tiere spenden können und welch wohltuende Wirkung sie in vielen Fällen auf die menschliche Psyche haben.«

Der Philosoph Blaise Pascal (1623–1662),

auch ein berühmter Mathematiker und Physiker, notiert in seinem aphoristischen Werk *Pensées:* »Die Weisheit führt uns zur Kindheit zurück.« Er hätte an den folgenden Schilderungen von Rebekka und Clara seine helle Freude gehabt.

Rebekka, fünfzehn, betont: »Es ist schwer zu sagen, was die schönsten Erlebnisse mit unserer Goldendoodlehündin Emma sind. Jeder Moment ist auf seine eigene Art und Weise schön und gibt mir Kraft, auch wenn er noch so klein und unbedeutend scheint.« Die erste Begegnung war magisch: »Neun kleine Welpen kamen auf uns zu gedackelt. Meine Mutter und ich wussten sofort, als wir Emma das erste Mal sahen, dass sie unsere Hündin wird. Man könnte sagen, es war Liebe auf den ersten Blick. Auch Emma schaute uns mit ihren großen Knopfaugen an und kam schweifwedelnd auf uns zugelaufen, klein und zierlich, wie sie war. Neugierig schnüffelte sie an unseren Händen und leckte sie ab. Wir spürten sofort ihre Zärtlichkeit und Warmherzigkeit, die sie uns gegenüber zeigte.«

Emma ist wie so viele ihrer Artgenossen eine Lehrerin der Weisheit. Rebekka: »Sie schenkte uns ihr Vertrauen. Es war von Anfang an eine besondere Bindung zwischen uns. Früher wie heute liebe ich es, mit Emma Rücken an Rücken einzuschlafen. Oft nehme ich mir einfach ein Kissen und lege mich mit unserer Hündin auf den Teppich. Ich genieße immer wieder diese Nähe zu ihr. Ich schließe meine Augen und spüre die Wärme, jeden ihrer Atemzüge und vor allem diese besondere Ruhe, die man sonst nirgendwo findet: Aber auch Geborgenheit und Sicherheit begleitet dieses Wohlgefühl. Oder wenn ich traurig bin, kuschelte ich mich oft zu unserem weichen Goldendoodle ins Körbchen.

Egal was ich angestellt habe oder was passiert ist, Emma interessiert es nicht. Für sie bleibe ich immer die Gleiche. Bei ihr habe ich das Gefühl, sie hat zu jeder Zeit ein offenes Ohr für mich und versteht mich. Emma schleckt mir meine Tränen aus dem Gesicht, und sofort geht es mir besser. Außerdem ist es schön, einen tierischen Gefährten zu haben, der sich so freut, wenn ich nach Hause komme, als gäbe es kein Morgen.«

Emma ist auch eine Lehrerin der Freiheit: »Ein sehr schönes Erlebnis war der erste gemeinsame Urlaub auf der kleinen Nordseeinsel Spiekeroog. Wir gingen zum Strand. Ohne Vorahnung, welches Hundeparadies sie dort erwarten würde, folgte Emma uns. Der Wind strich uns durch die Haare beziehungsweise durch das Fell, und die Sonne wärmte unsere Haut. Ich denke, hier kann ich auch für Emma sprechen, wir beide fühlten uns frei und liefen zum Wasser. Dort spielten wir. Es dauerte eine Zeit, bis Emma sich traute, im Meer zu schwimmen. Aber dann war ich um so stolzer, dass sie mit dem Vertrauen zu mir ihre Scheu vor den Wellen und dem Meer überwand. Wir tollten am Strand. Ganz erschöpft setzte ich mich irgendwann in den warmen Sand, und Emma gesellte sich zu mir.«

Rebekka zieht die Summe: »Zum einen lernte ich durch Emma Verantwortung zu übernehmen, mich um sie zu kümmern, mit ihr spazieren zu gehen. Und zum anderen lehrte mich unsere Hündin, mutiger zu sein. Denn in vielen Situationen geht sie furchtlos voran und nimmt mir die Angst. Vor allem lernte ich von ihr, bedingungslos zu lieben und zu vertrauen und einfach lebensfroher und offener zu sein. Besonders lehrt sie mich, sich über die kleinen Sachen im Leben zu freuen.«

Klara (14) würdigt die Selbstständigkeit und Persönlichkeit ihrer Hündin Lotte: »Unser Hund

Lotte, ein blonder Cockerspaniel, zieht sich gerne einmal zurück. Ich finde, daran sieht man, dass man ab und zu die Seele baumeln lassen kann. Einen Hund zu besitzen, ist aber auch viel Verantwortung, da du mit ihm spazieren gehen musst, aber auch dass du lernen darfst, wann du die Grenzen des Hundes überschreitest. Das finde ich einen ganz wichtigen Punkt. Dass man auch die Grenzen eines Hundes wahrnimmt und respektiert. Lotte äußert sich auch durch Geräusche, wenn es ihr zu viel wird.«

Genau das rühmt auch Sabrina, eine Medizinstudentin. Sie ist eng verbunden mit ihrem fünfjährigen Langhaardackel Nabucco: »Wenn er eigensinnig ist, setzt er sich wie ein Welpe auf den Popo und geht unter süßestem Blick keinen Schritt mehr weiter. Sein Nein ist ein Nein und bleibt ein Nein!« Sie lernte von Nabucco, was Liebe ist: »Er ist der treue Begleiter an meiner Seite!! Dass dieser Seelenhund mir über den schlimmsten Verlust, den meiner Mutter, hinweghilft, ist das größte Geschenk. Zu meinem Lebensmotto wurde: ›Tue es oder tue es nicht, es gibt keinen Versuch.‹ – Nachdem ich Nabucco begegnet war, wusste ich, dass es das Heute zu leben gilt.«

Eigentlich war der Hund eher eine realistische Entscheidung, erinnert sich Kerstin: »Eine damalige Büromitarbeiterin kam immer in Begleitung mit ihrem Vierbeiner zur Arbeit. Ihre innige Beziehung mit ihm ließ bei mir Lust zu solch einer Partnerschaft aufkommen. Unser damals zwölfjähriger Sohn wünschte sich einen Hund. Wir hatten einen großen Garten. Ich stimmte zu.« Sie ging ins Tierheim. Über 250 Hunde bellten Mutter und Sohn aus ihren Käfigen herzzerreißend an: »Aber nur einer traf meinen Sohn wie ein Blitz sofort ins Herz. Ein struppiger Köter, knapp ein Jahr alt, Vorgeschichte unbekannt. ›Buzz‹, wie wir ihn nannten, konnte die Türen eigenständig öffnen und liebte selbstständige Ausflüge.« Ständig mussten sie ihn bei anderen netten Menschen, bei Tierärzten und Polizeistationen, wieder abholen.

Dann erwies Buzz der Familie einen ebenso unbequemen wie unbezahlbaren Dienst: »Es war der peinliche Moment des ersten Besuches des Anwärters unserer Tochter. Buzz, der äußerst selten bellte, nie aggressiv war, knurrte den jungen Mann an und wollte ihn partout nicht ins Haus lassen! Sein Verhalten war uns unerklärlich. Der Verlobte entpuppte sich später als

Reinfall für unsere Tochter. Er ließ die geplante Hochzeit kurz davor platzen …«.

Leben im Hier und Jetzt, das erfuhr die weichherzige Hundefreundin Eleonore bei ihren Vierbeinern aus dem Tierheim Kira, Benny und Diva. Kira ist inzwischen, geliebt bis zu ihrem letzten Atemzug, in die ewigen Jagdgründe gewechselt. Eleonore: »Bei Kira konnte ich lernen, man ist nie zu alt für etwas. Ausprobieren was geht, solange es geht. Annehmen was ist, nicht beurteilen. Versuchen, jeden Tag aufs Neue zu leben, egal, was er bringt. Sie war so beliebt, dadurch bekam ich viele nette Gespräche. War ich einmal alleine unterwegs, wurde ich mindestens einmal angesprochen, ›wo ist der Hund?‹. Erleichterung, wenn ich erwiderte, sie ist zuhause. Gegen Ende hörte ich oft ›Wir schauen immer, ob die Rampe noch da ist, dann sind wir beruhigt‹.«

Benny und Diva sind für Eleonore die Spiegel ihrer eigenen Seele. Eleonore: Die diffusen Ängste von Benny spiegeln mich wider. In der Dämmerung, im Dunkeln, ist er draußen manchmal unsicher, schaut sich dauernd um und strebt nach Hause. Auch ich kenne Ängste, die sich nicht recht greifen lassen. Diva, meine

Diva, sie schaut in mich hinein. Sie durchdringt meinen Schutzpanzer und macht mich verletzlich, verschafft mir dadurch aber auch Zugang zu verdrängten Gefühlen. Sie zeigt ihre Gefühle. Sie verbiegt sich nicht für Anerkennung und Zuwendung. Sie ist der festen Überzeugung, dass es ihr einfach zusteht. Da kann ich noch viel von ihr lernen!« Alle Hunde zeigten und zeigen Eleonore das Eine: »Leben im Hier und Jetzt. Nichts auf später verschieben, sondern sich die Zeit dazu nehmen. Leicht gesagt und schwer getan.«

Ein Hund öffnet sich für uns. Wir brauchen uns nicht vor ihm zu verstellen. In einem Beitrag der Magazins der Süddeutschen Zeitung (2021) drückte die Autorin Gabriela Herpell dies an ihrem verstorbenen Hund Ringo aus: »Der Hund hat mehr von mir gesehen als jeder Mensch, wie nahe er mir auch steht. Vor ihm war mir nichts peinlich, kein Streit, keine Versöhnung, kein Sex, keine Verzweiflung. Ich habe mich ihm in jeder Verfassung zugemutet, krank, verkatert, zerknittert, todunglücklich. Er war nicht immer dabei, aber wenn er dabei war, saß er da und wurde Zeuge, egal was passierte. Er beurteilte nie, verurteilte nie, natürlich nicht. Und er hatte immer auch noch in den (für seine Menschen) beschissensten Lebenslage extrem gute Laune.«

Eine richtige Hundekolonie betreten wir mit Regine. Da waren die drei Zwingerhunde Marco, Rambo und Mirko, die sie mit ihrer Liebe heilten. Damit war der Hundereigen aber noch lange nicht zu Ende. Regine: »Vor zwölf Jahren habe ich einer Freundin, einer Pudelzüchterin aus der Klemme geholfen, als sie plötzlich eine vierwöchige Kur antreten musste. So kam die damals einjährige schwarz-weiße Zwergpudeline Hannah in unser Leben. Sie hat uns total ums Pfötchen gewickelt. Ihr folgten die braunweiße, mittlerweile 14-jährige Zwergin Fenja, die schwarze Amelina, fast zehn Jahre, und die braun-schwarze Eliza, fast sieben Jahre. Pudel sind übrigens wie Kartoffelchips. Wenn man einmal damit angefangen hat, kann man nicht mehr damit aufhören.«

Regines Mann litt und starb an Krebs. Regine: »Eliza, meine letzte Zwergin, war absolut Papas Hund. Sie wich ihm nicht von der Seite, lag immer bei ihm auf dem Pflegebett. Amelina brachte ihm ständig eines ihrer gefühlt hundert Stofftiere. Die beiden anderen schauten auch immer mal wieder nach ihm oder lagen bei ihm im Bett. Eines Nachts fingen auf einmal alle an zu bellen, wie verrückt! Ich erschrak fürchterlich und hatte schon Angst, Einbrecher wären im Haus. Vorsichtig schlich ich in den Flur, aber da war nichts. Ich schimpfte mit ihnen, weil sie mich so erschreckt haben, obwohl es doch gar keinen Grund dafür gab. Minuten später rief der Arzt aus der Klinik an, dass mein Mann zehn Minuten vorher wieder aus einer Notoperation kam. Es sah nicht gut aus. Ich bekam so einen Weinkrampf, weil mir klar wurde, dass mir meine Mädels, die Pudel, genau das mitteilen wollten.«

Der Abschied der »vaterlosen« Zwergpudeline von ihrem Herrn war bewegend: »Als er von den Bestattern abgeholt wurde und wir uns im Hof noch einmal verabschieden durften, sind meine Jüngsten fast in den Leichenwagen gesprungen. Sie standen mit den Vorderpfötchen auf der Ladekante und wollten nicht weg. Wir mussten sie reintragen. Eliza ist seitdem ein anderer Hund geworden. Sie hat Verlustängste. Sie kann es nicht gut ertragen, wenn keiner von uns Menschen im Haus ist, bellt sie bei allem möglichem.

Inzwischen ist Regine wieder mit ihrer ersten großen Männerliebe zusammen: »Er hat ein Labradormädchen mit in die Beziehung gebracht. Suri ist fast acht Jahre alt und wurde vom Pudelrudel sofort akzeptiert. Die Mädels wussten schon vor uns, dass wir wieder zusammenkommen. Zum krönenden Abschluss hat sich bei uns beim abendlichen Spaziergang ein etwa eineinhalbjähriges Samtpfötchen angeschlossen, welches wir nicht mehr loswurden. Mittlerweile ist das über zwei Jahre her. Leni, so heißt die Katze, geht auch mit in den Wald oder hier im Örtchen spazieren. Wir sind bekannt, wie die bunten Hunde, ein kleiner Wanderzirkus eben.«

Tiere geben uns Liebe und Kraft, beobachtet Regine: »Sie sind NIE nachtragend und grundehrlich. Sie haben ihre Rudelhierarchie, die niemand in Frage stellt. Sie brauchen uns genauso, wie wir sie brauchen. Diese warmherzigen treuen Blicke trösten, wenn wir einmal einen schlechten Tag haben, und sie fordern ihre Hunderunden, auch wenn wir mal keine Lust zum Laufen haben. So hilft jeder jedem.« Frei nach Loriot formuliert Regine: »Ein Leben ohne Tiere ist möglich, aber für uns sinnlos.«

In der Beratung und Therapie erlebe ich immer wieder erfreut, dass Frauen, welche an einer

Vater- oder Mutterwunde oder einer destruktiven Geschwisterkonstellation litten, in dem verlässlich liebevollen Zusammenleben mit ihrem Hund Akzeptanz und Heilung erfuhren.

Die Beziehungsforscherin Hanna Rheinz bestätigt dies: »Bei meinen Befragungen über die Beziehung zwischen Mensch und Tier fand ich immer wieder diese frühen Verwundungen des kindlichen Selbst, dieses Gefühl, einen nicht wieder gutzumachenden emotionalen Mangel in der frühen Kindheit erlitten zu haben. … So scheint mir die Rolle des Tieres in vielen Fällen die eines Stimulanz der Gefühls- und Selbstentwicklung zu sein: Der Entfaltung und – in späteren Jahren – Stabilisierung des Selbstwertgefühls. … Das Tier übernimmt die Rolle der ›guten‹ Anteile des eigenen Ich. Parallel zur Vermenschlichung des Tieres findet eine ›Vertierlichung des Menschen‹ statt, denn das Tier wird nun so, wie man sich gute Eltern gewünscht hätte. Die Auseinandersetzung mit der Gefühlswelt des Tieres bedeutet ja auch ein Hereinlassen tierischer Empfindungsweisen – und sei es nur auf der Ebene der Phantasie – in die Gefühlswelt des Menschen. Mit dem Tier wird das eigene Selbst in die Natur projiziert. Mit der Idealisierung der Beziehung zum Tier wird das Tier Anteil des eigenen Selbst.«

Da ist ein magischer Vorgang, den Hanna Rheinz schön ins Bild rückt: »Das Tier, das den Menschen geradewegs in die Traum- und Märchenwelt entführt, in der ohne Worte alles verstanden wird, provoziert Gefühl. Dabei teilt es keine Noten aus und vergibt keine Prädikate. Es betrachtet seinen Menschen nicht mit dem abwegigen Blick eines zukünftigen Partners. Im Gegensatz zu den Treulosen vermittelt es seinem Menschen das beruhigende Gefühl, unersetzlich, unaustauschbar, einzig zu sein. Durch das Tier wird jeder Mensch ein Geliebter, wird jeder Mensch ein Gott. Der Mensch findet im Tier, was er bei seinen Artgenossen nicht mehr finden kann: Vorbehaltlose Zuneigung. ... Das Tier bleibt ein Gefühlsanker in einer Welt der Unberechenbarkeiten, der Trennungen, des permanenten Liebesverlusts.«

Ein Hund bietet uns sozusagen eine utopische Perspektive an. Das erkennt Joop. Er hat sein Leben mit zwölf Spitzen, Dalmatinern und anderen Vierbeinern geteilt. Joop: »Sie sind kompromisslos ehrlich, ihnen fehlt die Lüge der Sprache. Darum wird in unserer Beziehung zu den Hunden sichtbar, was unter Menschen möglich wäre.« Der Hund sei ein »Stoiker«. Er sage: »Es ist alles nicht so wichtig, wie du denkst.« Vor allem aber bietet ein Hund Heimat. Joop: »Unsere Urangst ist es, aus dem System zu fallen, das wir uns selbst gebaut haben. Das Wunderbare am Hund ist, dass das System durch ihn immer erhalten bleibt. Wir strecken die Hand aus, und er ist da. Menschen, auch die eigenen Kinder, gehen weg, sie schicken dir noch drei Postkarten oder keine, dann sind sie verschwunden, und du kannst sie nicht ersetzen. Beim Hund hat man zu hundert Prozent die Sicherheit: Er verlässt dich nicht. Er bleibt in deinem System.«

Eines der zentralen Bedürfnisse der hektischen Postmoderne ist die Entschleunigung. Claudia hat dies mit ihrem Australian Shepherd namens Pepper erlebt. Er ist unter dem Apfelbaum des Künstlergartens eingeschlafen. Der Anfang der Pepper-Liebe war eine absurd anmutende »Thekenidee« ihres Mannes: »Gemeinsam mit den Nachbarn sollte es doch möglich sein, einen Hund zu betreuen und zu erziehen, dachten die zwei Männer. Ich hatte keinen blassen Schimmer von diesem Vorhaben. Mein

Mann hat Pepper mit unserer damals neunjährigen Tochter beim Züchter abgeholt. Ein Nein meinerseits wäre eine Kampfansage an das Kinderherz gewesen.«

Tatsächlich schien das Konzept »geteilter Hund« anfangs aufzugehen. Pepper wurde zwischen den Häusern hin- und hergereicht. Claudia: »Bis der Nachbar die Partnerin wechselte. Mit hängendem Kopf und eingezogenem Schwanz ließest du, Pepper, dich nur noch zum Nachbarn rüberschieben. Es zerriss uns das Herz. Eines Tages sah ich, wie du drüben mit Chips gefüttert wurde. Da ist mir der Kragen geplatzt. Du durftest ganz bei uns einziehen, und der Nachbar hat sich einen eigenen Hund geholt.«

Die Betreuung von Pepper fiel natürlich, wie zu erwarten, an Claudia: »Lange Zeit hast du, Pepper, mein Leben noch mehr beschleunigt. Wir wohnen zwar am Waldrand, ideal zum Gassigehen, trotzdem war jede Minute getaktet. Immerhin bist du schön mit dem Fahrrad mitgelaufen. Ich konnte das Ganze unter der Rubrik »Sportliche Aktivität« verbuchen. Bei Wind und Wetter an die frische Luft zu müssen, konnte auch nicht schaden. Immer freundlich, hast nie unnötig gekläfft, niemanden angesprungen, geduldig gewartet und gut auf uns alle – auch die Katzen – aufgepasst. Trotzdem fühlte ich mich sooo angebunden und unfrei in meiner Zeiteinteilung.«

Irgendwann kam der Wendepunkt. Claudia, eine Künstlerin, die mit Stahl und Gartengestaltung arbeitet, erinnert sich: »Ich überlegte, wie ich diese seeehr langen Spaziergänge für mich anders nutzen konnte. Es gab schließlich Schlimmeres, als mit dem Hund spazieren gehen zu dürfen. Ich begann Podcast zu hören, für die ich mir sonst nie die Zeit genommen hätte. Manche waren so interessant, dass wir eine Extrarunde eingelegt haben. Aber was noch viel wichtiger ist: »Du hast mich total entschleunigt und mich das Staunen gelernt! Das Staunen, wie es die Kinder noch ganz selbstverständlich tun, sich den kleinen Dingen verzückt hingeben können.

Ich machte es mir zur Aufgabe, von jedem Spaziergang ein schönes Foto mitzubringen. Mittlerweile bin ich bekannt für einen besonderen Blick auf die Natur und die Wunder, die sie uns schenkt. Tausende Fotos sind entstanden. Der Tautropfen enthält ein kleines Universum;

jede Pflanze ist viel mehr, als es mit dem bloßen Auge scheint; Wolken entführen mich in den Himmel, und der Wald ist meine Kathedrale geworden. Bis zum letzten Tag ist Pepper mit mir seine Runden gegangen. Irgendwann, als er mühevoll hinter mir hertrottete, habe ich mich zu ihm gekniet und ihm schluchzend gedankt, dass ich so oft mit ihm die Zeit vergessen durfte. Er hat mir das Staunen und eine tiefe Dankbarkeit für die Wunder am Wegesrand gezeigt.«

Ich möchte fast sagen: Ohne Mensch kein Haustier, ohne Haustier kein vollständiger Mensch. Der Theologe Rainer Hagencord hat an der Universität Münster einen Lehrstuhl für »Theologische Zoologie«. Der Franziskaner schrieb ein Buch mit dem programmatischen Titel *Die Würde der Tiere. Eine religiöse Wertschätzung.* Die Wertschätzung des Tieres enthält, sagt er, die Wertschätzung unseres Selbst. Er sieht seine eigene Disziplin in der Tier-Menschfrage kritisch: »Was war es, wenn in meiner Priesterausbildung doch mehr die tiefen Dimensionen des eigenen Werdens und Suchens, der Wert der Leiblichkeit und der inneren Welten zutage gefördert worden wäre? Heute bin ich davon überzeugt, dass Lehrerinnen und Lehrer, die Verantwortlichen in der Priesterausbildung nach bestem Wissen und Gewissen gehandelt haben, vorsätzlich hat niemand agiert. Dennoch komme ich nicht umhin, ein System von Pädagogik und Kirchlichkeit zu beschreiben, das meiner Meinung nach eine enorme und weitreichende Schieflage aufzeigt. … Die Theologie und mehr noch die Kirche haben die Tiere mehr und mehr vergessen.«

Der sympathische Theologe, der uns auf einer Tagung unserer Gesellschaft für Gesundheitsberatung (GGB) in der Lahnsteiner Stadthalle begeisterte, äußert einen brillanten Gedanken im Geiste seines Ordensbruders Franz von Assisi (1182–1227): »Heute weiß ich, dass ich neben lieben Menschen in der Gemeinschaft der Kirche auch ihnen, den Tieren, mein Leben verdanke. Denn sie waren wie ein Spiegel für mich. In ihnen sah und erlebte ich etwas, das auch ich selbst war. Dies war eher eine Ahnung als etwas klar Gewusstes. Wenn ich mich ihnen näherte, sie berührte und mit ihnen sprach, war ich auch im Kontakt mit meinen inneren Welten. Und diese konnten sich entwickeln, entfalten und neu entstehen. Die Verantwortung für den Hund und die Schildkröte zu übernehmen, bedeutete auch, dass etwas Dackelhaftes und Reptilienhaftes in mir Lebensrecht hatte, mich ebenso ausmachte wie das Flatterhafte des Wellensittichs.

Mitgeschöpf bin ich, lebendiges Kind dieser Erde, diese Erkenntnis wuchs in mir und dass ich das Leben lernen kann von den anderen um mich herum: Dass ich mein Mensch- und Mannsein nicht jenseits und in der Abwendung von den Tieren entwickle und entfalte, sondern dass ich in einer immer tiefer werdenden Kenntnis dieser Spielarten des Lebendigen meine unverwechselbare Gestalt finden kann. Dass ich nämlich auch bin: ein kleiner Dackel, wechselwarme Schildkröte und farbenprächtiges Rotkehlanolis-Männchen. Ich bin Mensch, weil das Devote und Treue mich ebenso ausmachen wie das Kaltblütige, nach Sonne und Wärme Lechzende. Und dass ich gerne so schillernd wäre und meine Farben wechseln könnte wie die flinke amerikanische Eidechse.«

Vielleicht hilft dem spirituellen Menschen auch die buddhistische Sicht auf Mensch und Tier weiter. Man muss nicht an die Reinkarnation und damit das Wechselspiel menschlicher und tierischer Existenz glauben, um diese fernöstlichen Gedanken faszinierend zu finden. Dirk Grosser bringt diese verblüffenden Weisheiten in seinem köstlichen Buch *Der Buddha auf vier Pfoten* zur Sprache. Sein mittelprächtiger Hund Bobba war, wie er schreibt, auf den ersten Blick der gewöhnlichste Hund, den man sich nur vorstellen kann: »Vierzehn Jahre durfte ich mit ihm verbringen, in denen er mir jeden Tag eine sehr weise und vor allem einfache Lebenskunst vorlebte, vierzehn Jahre, in denen ich jeden Tag etwas zu lachen bekam und in denen mir dieses wundersame Wesen trotz seines nach Fisch riechenden Atems und seiner Haare, die er großflächig auf der Couch verteilte, ans Herz wuchs.«

Bobba erlöste den verkopften Intellektuellen und führte Dirk zurück in seinen Körper und in ein unmittelbares Verhältnis zum Leben: »Wenn ich mit Bobba durch den Park getobt war, fühlte ich mich lebendig und geistig wie körperlich anwesend, wenn ich mich dagegen mit der Prädestinationslehre des Augustinus (die Verdammnis der meisten Menschen zur Hölle – M. J.) befasste, war mir, als würde mein Gehirn zu einem traurigen Klumpen Gelee werden.« Der Autor rüttelt uns auf: »Warum kennen Hunde keine Religion, keine Kriege, keine Schönheitsoperation, keine protzigen Geländewagen und keine peinlichen Motivationslehrer?« Antwort: »Weil sie all das nicht nötig haben! So einfach ist das.«

Man möchte stundenlang aus dieser weltfrohen Fibel von Dirk Grosser zitieren, etwa wenn er über Bobba schreibt: »Sein Leben war der Praxis gewidmet, ganz er selbst zu sein, wobei er einem Gedanken an Perfektion keinerlei Aufmerksamkeit schenkte. Ich denke, deshalb war er ein so glücklicher Hund, der in wirklicher Freiheit existierte und daher auch so frei war, sich an die Welt und ihre Wesen zu verschenken.«

Könnte nicht jeder von uns Bobbas buddhistisches Vermächtnis teilen? Dirk Grosser: »Hier neben ihm zu sitzen, fühlte sich gut an. Einfach da sein, dem Plätschern des Baches lauschen, die letzten Strahlen der Nachmittagssonne auf dem Gesicht spüren. Ich kam langsam wieder zu Atem, mein Herzschlag beruhigte sich, und eine angenehme Schwere machte sich in meinem Körper breit. ... Wenn Hunde einfach herumliegen, dann liegen sie einfach herum; wenn sie laufen, dann laufen sie; wenn sie fressen, dann fressen sie; und wenn sie bellen und spielen und toben, dann tun sie genau das. Sie sind die absolute Achtsamkeit, absolute Präsenz.« Und: »In diesem Moment am Bach, als Bobba einschlief und sich in mir eine tiefe Stille und Zufriedenheit ausbreitete, wurde mir bewusst, dass nichts in der Natur einen Plan hat. Der Bach fließt einfach und ist dabei ganz er selbst. Der Baum bewegt sich mit dem Wind, tanzt in dem Moment, indem er die Melodie des Windes vernimmt.«

Simone, von Beruf Coach, meine kluge Seelenfreundin, schenkte mir das geistige Balsam dieses »buddhistischen« Hundes. Sie schrieb mir dazu: »Der Hund liebt uns so, wie wir sind. Es ist freizügig mit seiner Liebe, Kameradschaft, Zeit und schätzt unsere Nähe. Er weiß wie er den richtigen Umgang mit uns Menschen vollbringt. Seine Achtsamkeit ist ein Teil von ihm, gleich wie hektisch und unausgeglichen wir sein mögen. Seine tiefsten Überzeugungen sind unabänderbar. Können wir uns noch so sehr daran reiben. Die Hundeliebe ist eine Freundschaft fürs ganze Leben.«

Abschied

Ich habe des Öfteren darüber nachgedacht, warum Hunde ein derart kurzes Leben haben. Ich bin zu dem Schluss gekommen, dass dies aus Mitleid mit der menschlichen Rasse geschieht; denn da wir bereits derart leiden, wenn wir einen Hund bereits nach zehn oder zwölf Jahren verlieren, wie groß wäre der Schmerz, wenn sie doppelt so lange lebten?

Walter Scott (1771 – 1832)
Schottischer Schriftsteller

Wie barbarisch und trostlos ist es, wenn einem Hund der Abschied verweigert wird. Weltbekannt wurde die Tragödie der Moskauer Straßenhündin Laika. Als sie am 3. November 1957 in das Weltall katapultiert wurde, war sie das erste Lebewesen, das jemals die Erde verließ. Die »Wissenschaftler«, wollten an der wehrlosen Kreatur erforschen, wie ein Säugetier auf die Schwerelosigkeit reagiert. Was dann an Ungeheuerlichem geschah, schildert der Journalist

Peter Künnels (in: DIE ZEIT, 21.03.2021) so: »Die an ihrem Körper angebrachten Elektroden verzeichneten, dass sie den Start von Sputnik II in größter Panik überstand und wenige Stunden nach Beginn der Reise den Hitzetod starb. Als die Laika-Tragödie herauskam und als überdies bekannt wurde, dass die sichere Rückkehr der Hündin von den russischen Weltraumforschern gar nicht angestrebt worden war, brachen weltweit Empörung und Trauer aus.«

Was immer auf unserem Erdball kreucht und fleucht, ob Mensch, Tier oder Pflanze, es ist begrenzt, verletzbar und vergänglich. Das dürfen wir akzeptieren und würdigen. Es gehört zu den unverrückbaren Geheimnissen unseres Lebens. Großartig hat das die amerikanische Schriftstellerin Sy Montgomery in ihrem respektvollen Erinnerungsbuch *Einfach Mensch sein. Von Tieren lernen* beim Weggang ihrer geliebten alten Hündin Tess ins Bild gerückt: »Das Wellnessprogramm erfreute sich nach wie vor großer Beliebtheit. Tess war bezaubernd, wie sie unermüdlich hochsprang, um den Frisbee zu fangen, und hinter dem Ball herlief, bis *wir* sie stoppten, weil ihr schon die Zunge zum Hals heraushing. Doch eines Tages wurde Tess von einem interessanten Geruch abgelenkt und lies die Frisbeescheibe ins Gras fallen. Als mein Mann ihr befahl, sie aufzuheben, reagierte sie nicht. Tess war ertaubt. Es musste schon Wochen oder Monate zuvor angefangen haben, doch dank ihrer Sensibilität und Klugheit hatte sie den Hörverlust so gut kompensiert, dass wir nichts bemerkten.«

Langsam schlich sich, wie fast immer, der Tod heran: »Als Nächstes kam eine akute Störung des Gleichgewichtsinns mit äußeren Symptomen wie bei einem Schlaganfall. Doch für das kranke Tier fühlt es sich ganz anders an: Tess hatte einen Drehwurm. Vor lauter Schwindel und Übelkeit konnte sie wochenlang nicht stehen. Schier unglaublich ist, dass sie sich auch davon erholte. Sie war eben eine Kämpferin. Sie hatte bald wieder Freude an Spaziergängen, doch den Kopf hielt sie nun schief. Ihre glänzenden braunen Augen waren trüb geworden. Taub und fast blind konnte sie nicht mehr Frisbee spielen. Auch der Ball interessierte sie nicht mehr. Mir war weh ums Herz. … *Ich* war traurig – Tess war es nicht.«

Etwas ähnliches Bewegendes erlebte ich mit unserer letzten Neufundländerhündin Bella.

Vor unserem Häuschen am Lago Maggiore sprang oder fiel sie – ich weiß es nicht – von dem terrassierten Berggarten auf einen hohen Reisighaufen eine Etage tiefer. Es war Mitternacht. Sie bellte verzweifelt. Sie wusste nicht mehr herunter. Ich rannte nackt aus dem Haus und suchte im Dunkeln nach der pechschwarzen Riesin. Ich fand sie und führte Bella wieder vorsichtig auf den Boden. Sie war erblindet. Fortan nahmen Ilse und ich sie liebevoll in körpernahe Führung. Bella vertraute sich uns an. Eine Woche später zog sie sich nachts in einen Hortensienbusch zurück, um zu sterben. Es wollte ihr nicht gelingen. Sie litt unter Herzversagen und Schnappatmung. Ein gütiger italienischer Tierarzt half ihr am kommenden Morgen sanft auf die letzte Reise über den Regenbogen. Ilse und ich weinten lange.

Zurück zu Tess. Sy Montgomery spürte die fast unverwüstliche Lebensfreude ihrer tapferen Hundefreundin Tess: »Ich schaute sie an und sah, dass sie trotz allem glücklich war. Sie wedelte mit dem Schwanz. Ihr Lächeln, ihre Öhrchen, ihre ganze Haltung – alles strahlte Zufriedenheit aus. Sie mochte nicht mehr jagen oder springen, aber ihr Leben war immer noch reich und aufregend, voller spannender Gerüche und Leckereien. Geborgen bei denen, die sie liebte, akzeptierte sie, wer weiß, warum, dass ihre Welt weitgehend dunkel und still geworden war. Sie wirkte nicht beunruhigt. Sie verstand ganz eindeutig, dass es nun wir Menschen waren, die sie durch die schwarze und geräuschlose Welt führen würden. … Zuerst orientierte sie sich an der Spur meiner Körperwärme und meines Geruchs, später führte ich sie ganz dicht neben mir. Nach all den Jahren, die wir zusammen verbracht hatten, fühlte ich mich geehrt, dass sie mir ebenso grenzenlos vertraute, wie ich ihr einst in dunkler Nacht vertraut hatte.«

In diesen Tagen starb auch Christopher, das domestizierte Schwein der Montgomerys, mit vierzehn Jahren. Tess folgte seinem geliebten tierischen Gefährten. Wie wir alle tat Sy alles, um der Überlebenden noch das Schicksal zu erleichtern: »In ihren letzten Lebenstagen habe ich Tess Infusionen mit Kochsalzlösung verabreicht, um ihre Nierenfunktion zu stärken. Nachts wachte sie immer wieder wimmernd auf, war offenbar verwirrt oder hatte Albträume.«

Dann war es soweit. Sy Montgomery beschreibt den Vorgang und ihren Schock so: »Es konnte nur noch eine Frage der Zeit sein, bis sie nichts als Schmerzen haben würde. An einem sonnigen Nachmittag im September kam unser Tierarzt zu uns nach Hause. Er gab Tess, während Howard und ich sie unter unserem schönen Silberahorn in den Armen hielten, jene Spritze, die ihr prachtvolles großherziges Leben beendete. Am liebsten wäre ich mit Tess gestorben. Christopher zu verlieren, war schon schlimm genug. Ohne ihn wirkte die Scheune kahl und leer, trotz der Hühner. Beim Blick in den Garten wurde ich krank vor Sehnsucht nach ihm. Seit er nicht mehr bei uns war, lebte ich nur noch für Tess. Ich wusste, dass es aufs Ende zuging, und sie wusste es auch. Doch noch waren wir zusammen. Für die wenigen Monate, die ihr noch blieben, genügte uns das. Als sie dann auch nicht mehr unter uns weilte, kam die große Leere. Ich konnte mich nicht aufraffen, die köstlichen Früchte unserer hundert Jahre alten Bäume zu pflücken und die letzten Blaubeeren des Sommers zu sammeln. Ich freute mich auch nicht auf die satten Farben des Herbstes oder den ersten Pulverschnee. Mir war nicht nach Essen oder Schlafen, nicht nach Musik oder der Gesellschaft von Freunden. Ich freute mich nicht auf Weihnachten oder Ostern, noch auf das nächste Jahr. Ich hasste mich für meine Undankbarkeit.«

Sy geriet in eine Depression und hatte Suizidgedanken. Wie sie daraus, durch eine neue Liebe zur Kreatur herausfand, bleibt eine lesenswerte und ermutigende Geschichte.

Wie gut kann so ein Abschied trotz aller Tränen sein. Claudia, von deren fantastischen Hund Pepper wir bereits hörten, schickte mir ein Foto vom Apfelbaum in ihrem Garten. Wieso das? Claudia: »Es steht eine selbstgezimmerte Bank darunter, die Zweige hängen wie ein Schutzschirm darüber. Es ist irgendwie ein Kraftort. Jetzt sind schon viele Tränen geflossen, einfach so. Die allerletzte Runde ist Pepper mit unseren Kindern ums Haus gegangen, hat sich in die Frühlingssonne unter den Apfelbaum gelegt und ist nicht mehr aufgestanden. Der Tierarzt hat sie mittags erlöst. Alle waren dabei. Wir haben noch Stunden so um ihn herumgesessen, geschwiegen, erzählt und sogar gelacht, bis es Zeit war, zum Krematorium zu fahren. Ihn dort abzugeben, war schwer. Jetzt steht er in einer ganz schlichten Urne auf dem Sekretär.«

Wie schön man einen Abschied gestalten

kann, schildert die Gesundheitsberaterin (GGB) Andrea nach dem Tod ihres Familienhundes Elvis: »Einige Tage später habe ich ihn dann in einer Streuurne beim Bestatter abgeholt. Am nächsten Morgen brachte ich all sein Spielzeug und noch verbliebene Hundekekse sowie seine Asche auf die Hundewiese. Eine Stunde vor Eintreffen unserer morgendlichen Hunderunde. Zusammen mit seinem Spielzeug habe ich seine Asche dort verstreut. Die Leckerli habe ich zusammen mit einem letzten Gruß von ihm auf eine Parkbank gestellt. Dann bin ich tränenüberströmt wieder nach Hause. Kaum dort angekommen, kamen die ersten Nachrichten per Whatsapp, die Hunde hätten die Spielzeuge gefunden. Das war eine große Aufregung auf der Wiese, aber jedem war klar, von wem die Spielsachen waren. Heute besitzen einige von den Hunden sie. Das freut mich. Ich weiß, dass Elvis das auch gefällt. Spielzeug und Essen hat er gerne geteilt, nur kein Trinken, da wurde er fuchsig, wenn ein anderer Hund Wasser wollte!« »So, lieber Mathias«, bekennt Andrea mutig, »ich danke dir für dieses Thema, ich habe einige befreiende Tränen dabei geweint«. Ich auch, liebe Andrea. Auch bei den anderen Todesberichten.

Dann gibt es eine namensgleiche Hundemutter, nennen wir sie Andrea II. Die warmherzige Krankenschwester gesteht den Wunsch von uns allen, ihr Vierbeiner sei »unsterblich und würde immer an meiner Seite bleiben. Cisco war ein treuer Hund; ich konnte mich immer auf ihn verlassen, er hat mich nie enttäuscht. Wenn ich ihn angesehen oder ihn gestreichelt habe und sein wunderbares Fell zwischen meinen Fingern spürte, das sich an den Ohren anfühlte, als würde ich Samt berühren, dann überkam mich immer ein unglaubliches Glücksgefühl. Ich bin unendlich dankbar für 16 lange Jahre, die er bei mir sein durfte, dankbar für alle großen und kleinen Freuden, die mein Leben so sehr bereichert haben. In dieser Zeit hat sich eine so große Verbundenheit entwickelt, dass wir beide am vergangenen Samstag gespürt haben, dass unsere gemeinsame Zeit hier auf Erden an diesem Tag zu Ende gehen würde. Cisco hatte bis zuletzt eine unglaubliche Disziplin und einen starken Lebensmut, aber seine körperlichen Kräfte waren verbraucht. Er konnte nicht mehr, und das haben wir beide gespürt. Er hat bis zuletzt immer unsere Nähe gesucht. Er hat, während wir bei ihm saßen, immer wieder seinen Kopf gehoben, um sich zu vergewissern, dass wir bei ihm sind. In meinem Beruf als Krankenschwester habe ich sehr oft die Erfahrung gemacht, dass Menschen so sterben, wie sie gelebt haben. Cisco wollte nicht allein sterben.« Und: »Ich glaube daran, dass auch die Seelen der Tiere unsterblich sind und dass unser Schöpfer ihre Seelen nicht verloren gehen lässt. Cisco – ich vermisse dich so sehr!«

Kerstin hat uns weiter vorne über ihren prächtigen Hund Buzz berichtet. Sie notiert: »Ich fand Buzz in einer Blutlache in der Küche. Er hatte Spasmen (Krämpfe – M. J.) und konnte sich nicht mehr erheben. Mein Mann kam dazu und meinte, wir müssen schnellstens in die Tierklinik! Da hob Buzz seinen Kopf, und seine Augen sagten: ›Nein, meine Bitte ist anders!‹. So säuberten wir ihn und barten ihn auf sein Kissen. Unter Tränen standen wir ihm bei: die schweren Anstrengungen seiner letzten Atemzüge, aber doch gelöst, ganz in einer selbstverständlichen Akzeptanz. Das war wohl die einzigartige Lehre, die uns unser Tier zuteil haben ließ. Den Tod furchtlos empfangen zu können als Übergang zu etwas anderem.«

Wir haben es schon einmal gehört, Hunde

können Mitleid zu einer anderen sterbenden Kreatur entwickeln. Harald erzählt: »Unser zwölfjähriger Collierüde Bogáncs ist auf seine Art und in unterschiedlichen Facetten ein oft mitfühlenderer und aufmerksamerer Begleiter als so mancher seiner menschlichen Weggefährten. Dies zeigt sich nicht nur darin, dass er mit seinem besten Freund, dem dicken Kater Sam aus der Nachbarschaft, ein inniges, verschmustes und zutiefst freundschaftliches Verhältnis pflegt, sondern auch in seiner Fähigkeit zu Empathie und Anteilnahme. Eines der Kaninchen unseres Sohnes war erkrankt und wartete, in einer Transportbox liegend, auf den Besuch beim Tierarzt am nächsten Morgen. In der Nacht stand die Box im selben Raum, in dem auch Bogáncs sein Lager hat. Am nächsten Morgen fanden wir unseren lieben Freund eng neben dem Käfig des Kaninchens liegen. Er hatte wohl die ganze Nacht dort verbracht, denn sein Lager und auch sein Essen waren unberührt. Das Kaninchen war in der Nacht verstorben. Der treue Hund hatte wohl instinktiv mitfühlend den Zustand des Kaninchens gespürt und es die letzten Stunden durch die Nacht begleitet.«

Das Leben in Dankbarkeit und Zustimmung

verlassen zu können, ist eine hohe Kunst. Das wissen wir Menschen. Auch das können wir von unseren Hunden lernen. Anett, ihr Mann und ihr Sohn liebten Ambra, das Weimaraner Mädchen. Anett beschreibt das Ende mit zarten Worten: »Im Dezember 2020 erhielten wir die Nachricht, dass Ambra Leberkrebs im fortgeschrittenen Stadium hatte. Wir drei entschieden, dass wir sie keinerlei Untersuchungen oder Therapien aussetzen wollten, und dass die Zeit, die sie noch hätte, so schön wie nur möglich sein sollte. Sie bereicherte unser Sein noch zweieinhalb Monate. An einem Samstag hörte sie auf zu fressen. Als sie sogar bei ihrem heißgeliebten Butterbrötchen den Kopf wegdrehte, war uns klar, dass die Zeit gekommen war, sie gehen zu lassen. Wir bauten im Wohnzimmer ein Matratzenlager auf, damit wir alle bei ihr sein konnten. Am Sonntagabend war sie schon sehr schwach auf den Beinen, aber sie ging von einem zum anderen von uns, legte sich dazu und verabschiedete sich von jedem einzelnen. Am Montagmorgen um 6.30 Uhr ging sie friedlich von uns, in den Armen meines Mannes. Sie hinterließ eine große Lücke. Jetzt ist Ambra in unserem Garten begraben. Jeder von uns findet Zeit, bei ihr zu sein, und verspürt Dankbarkeit für diese wundervollen neun Jahre des Seins mit ihr. Um diese Lücke, die sie hinterlassen hat, zu schließen, rückten wir noch näher zusammen. Wir schätzen das Miteinander und Füreinander auf einer ganz besonderen Ebene.«

Liane spricht ihren unvergesslichen Bruno, den »kleinen Rebell mit großem Herz«, direkt an. Seine Tapferkeit war groß, sein Ende bewegend. Liane: »Ich wollte dir noch eine gute Zeit geben. Ich habe alles Mögliche an Futter gekocht, klein gemacht. Ich hatte irgendwie das Gefühl, du frisst nur mir zuliebe etwas. Am Ende warst du nicht mehr allein. Ich habe mich mit Max und Felix, meinen erwachsenen Söhnen, abgewechselt, um an deinem Körbchen zu sein. Nachts bin ich mit dir aufgestanden, wenn du raus musstest und habe dich getragen, weil du zu schwach warst, was dein Stolz nur schwer zugelassen hat. Deine Augen waren noch bis zum Ende wachsam. Ich werde wohl nie deinen Blick vergessen und die Frage darin: ›Kann ich dich wirklich allein lassen?‹. Im Januar hatte es geschneit. Kurz vor deinem Tod habe ich dich nochmal in den Garten tragen können. Du hast Schnee immer so geliebt. Ich war bei dir, bis zum Schluss!« Bruno hat seinen Platz im Garten bekommen, »dort wo er immer glücklich war. Dort habe ich Veilchen gepflanzt!«

Renate, Besitzerin zweier Hunde des gleichen Namens Esto, erlebte mit ihnen Freude und Leid. Der erste Esto, so erinnert sie sich, hatte das schönste Hundeleben, das man sich vorstellen konnte. Renate: »Er wurde von allen geliebt. Er konnte, da wir am Feldrand wohnten, kommen und gehen, wie er wollte. Er war frei. Niemand musste mit ihm ›Gassi‹ gehen. In einem Geschäftshaushalt geht ständig die Tür auf und zu. Entweder ging Esto nach draußen on tour und besuchte viele Hundedamen in der Umgebung, oder ein netter Mensch ließ ihn wieder hinein. Wir, sein Rudel, ein kleiner Teppich und sein Fressen und Wassernapf warteten auf ihn. Das wusste er ganz genau.« Wie die meisten Hunde wurde Esto dramatisch, wenn die Familie ihn verließ: »Trotzdem stand er sofort mit eingezogenem Schwanz an der Garderobe, wenn die Familie die Mäntel anzog, aber seine Leine nicht abgehängt wurde. Nur wenn die Leine abgehängt wurde, durfte er mitkommen. Das wusste er ganz genau. Manchmal überlegten es sich meine Eltern anders und nahmen doch noch die Leine ab: Leuchtende Augen und ein Schwänzchen, was sich fast überschlug, war Estos sofortige Reaktion.«

Dieses wunderbare Leben konnte Esto vierzehn Jahre genießen. Renate: »Nach zwölf Jahren setzte eine leichte Blasenschwäche ein, wenn es morgens zu lange dauerte, bis er hinauskonnte. Mein Vater war in dieser Beziehung kurz angebunden: ›Entweder Ihr beseitigt das Pfützchen, oder wir müssen ihn einschläfern lassen.‹ Obwohl wir uns auch gerne um manche Pflichten gedrückt haben, war es für uns – inzwischen Jugendliche – klar, dass die kleine Unpässlichkeit noch vor der Schule von uns aufgeputzt wurde.«

Nicht selten ist der Tod eine Tragödie: »Esto starb mit vierzehn Jahren an den Folgen eines Autounfalls. Die Umstände waren besonders hart für meinen Bruder, denn er machte nur hundert Meter von unserer Haustür noch einen Rundgang mit ihm ohne Leine. Esto ging brav auf dem Bürgersteig, aber am Rande. Plötzlich schoss ein Wagen mit einem jungen Fahrer so nah um die Ecke, dass der Kotflügel Esto traf. Er war sofort tot. Wir begruben ihn im Garten. Wir waren durch diesen Verlust fast alle krank. In unserem Herzen lebt er bis heute.«

Dann kam der zweite Esto. Renate: »Inzwischen war ich achtzehn Jahre alt und wollte den kleinen Hund überallhin mitnehmen. Ich hatte ihn ständig auf dem Arm und war wieder ganz verliebt. Wenn ich meinen Freund Peter vom Bahnhof abholte, war Esto immer dabei.« Jeder Hund hat natürlich, das wissen wir, seinen eigenen Charakter. Renate schildert die Differenz zwischen den beiden Hunden anschaulich: »Er (Esto II – M. J.) hatte ein anderes Wesen. Er veranstaltete oft witzige Aktionen. Wenn die Familie beim Abendessen saß, fühlte er sich ausgeschlossen. Das löste er, indem er seine Schlafdecke an einem Zipfel ins Maul nahm und zielstrebig bis unter den Tisch zog. Freudestrahlend setzte er sich dann obenauf und war glücklich zwischen unseren acht Beinen und vier Tischbeinen. Was er nicht leiden konnte, war, wenn mein Vater seine Nachrichten schauen wollte. Es störte ihn, dass dieser dauernd in eine Richtung sah und nicht zu ihm. Daraufhin stellte er sich vor den Fernseher und bellte ununterbrochen. Mein Vater rief: ›Bist du jetzt still, Aus!‹ Aber das störte Esto nicht. Er hörte erst auf, wenn mein Vater ihn streichelte und nicht mehr in Richtung Fernseher sah.«

Für Renate spielte sich eine zweite Tragödie ab. Renate: »Ich habe dann das folgende Jahr mit dem kleinen Esto versäumt, da ich für sechs Monate in einem Hotel auf der Kanal-Insel Jersey gearbeitet habe, um meine Englischkenntnisse zu verbessern und mich abzunabeln. Eine Tages kam ein Brief nach England, in dem die Familie traurig schrieb, dass Esto, fast ähnlich wie damals unser alter Esto, von einem Auto erfasst wurde und auf der Stelle mit nur zwei Jahren starb. Ich war richtig geschockt, aber es war Tatsache. Sie musste verarbeitet werden, wie alles im Leben. Über einen weiteren Hund wurde nicht mehr nachgedacht. Die Wunden waren zu groß, und ein eventueller neuer Verlust nicht mehr tragbar.«

Anja, Teddy, Tom und Becky – diese Hundekolonie lässt heute noch das Herz von Gitta lachen. Sie ist als Einzelkind auf einem außen liegenden Bauernhof groß geworden: »Meine Freunde waren unsere Hunde, von denen wir mindestens immer zwei gleichzeitig hatten. Alle Hunde, denen ich während meiner Kindheit begegnen durfte, waren meine Seelentröster, meine Spielkameraden, meinen Tränentrockner, meine Einsamkeitszerstreuer, meine Seelenverwandten.

Eine Hündin lag mir besonders am Herzen: Anja, eine Schäferhündin, ausgediente Wachhündin aus einem Munitionsdepot. Mein Opa hatte sie mitgebracht, weil sie dort aus Altersgründen ausgemustert wurde. Anja kannte keine Kinder und war zunächst ängstlich und zurückhaltend mir gegenüber. Glücklicherweise war das Eis nach wenigen Tagen gebrochen. Ich mag etwa acht Jahre alt gewesen sein. Anja war die treueste Gefährtin, die ich mir wünschen konnte. Sie wurde meine Beschützerin, niemand hätte Hand an mich legen können. Sie durfte auf unserem außen liegenden Bauernhof Freiheit genießen. Sie lag weder an der Kette, noch war sie im Zwinger. Sie durfte einfach draußen herumstromern.«

Bei diesem freien Leben des Hundemädchens blieb es nicht aus, dass sie vom Nachbarshund, einem Bernhardiner, trächtig wurde: »Ihre Welpen durften nur ausgewählte Menschen anfassen – mein Opa und ich waren die Auserkorenen! Ich war mächtig stolz über diesen Vertrauensbeweis. Ein Welpe durfte bei uns bleiben. Ich habe ihn aufwachsen sehen. Teddy, der goldgelbe Schäferhund-Bernhardiner-Mix.« Anjas freies Leben wurde ihr irgendwann zum

Verhängnis. Gitta: »Während der Erntezeit, als niemand auf dem Hof Zeit für sie hatte und ich krank im Bett lag, wurde sie an der Straße angefahren. Stunden stand ich am offenen Fenster und habe sie gerufen. Keine Anja kam herbeigesaust. Am nächsten Morgen lag sie vor der Tür, war körperlich offenbar unverletzt, aber Geist und Seele haben sich von diesem Schock nie mehr erholt. Sie war nach diesem Unfall wesensverändert und wurde einige Monate später eingeschläfert.«

Teddy wiederum war ein liebevoller Hund: »Er war freundlich zu allen meinen seltenen Besuchskindern. Hunde, insbesondere große Hunde, waren auf unserem Bauernhof Nutztiere, Wachhunde eben. Ich verneige mich in Ehrfurcht vor all diesen Geschöpfen, die ihr Schicksal stillschweigend ertragen und dennoch treu zu ihren Menschen stehen!!!«

Der dritte Hund Tom, ein neun Wochen alter Australian-Shepherd-Rüde, war ein wahnsinniges Kaliber: »Tom, der neben dem Traktor bellend durchs Dorf lief, Tom, der ohne Leine vor Bäcker und Metzger liegen blieb und auf sein Herrchen wartete, Tom, der Womanizer, auf den fast alle Hundedamen scharf waren. Tom, der bei lokalen Fußballspielen der Jugendkicker die Emotionen der Zuschauer aufnahm und jeden Torschuss bellend unterstützte. Tom, der voll Todesverachtung ins verhasste Wasser ging, um seine Menschen im Boot zu ›retten‹. Tom, die ›Triebsau‹, der sich liebend gerne grunzend auf dem Boden wälzte. Tom, der wunderschöne, sportliche, fröhliche, gut gelaunte, einfühlsame beste Freund begleitete uns fünfzehn Jahre. Trotz Einschränkungen durch mehrere Schlaganfälle hatte er bis zuletzt Freude, sein heißgeliebtes Bällchen zu jagen.«

Sein Ende war sanft und gleichsam kirchlich begleitet. Gitta: »Das letzte Silvester war das Entspannendste für ihn – kein Geräusch drang mehr an sein taubes Ohr. An seinem letzten Tag zeigte er mir morgens gleich zweimal, dass er gehen will. Er durfte zu Hause gehen, von der strahlenden Februarsonne beschienen, um elf Uhr zum Angelusläuten der Kirchenglocken. Abends bei seiner Beerdigung läuteten wieder die Glocken. Welch ein würdiger Abschied für eine treue Hundeseele. Unmittelbar nach seinem Tod brannte ununterbrochen für mehrere Tage Tag und Nacht eine Kerze, um seiner Seele den Weg zu leuchten.«

Ein Jahr nach Toms Tod kam Becky zur Familie, eine rumänische Straßenhündin, gerettet aus der Tiertötung: »Becky hat mich gelehrt, mich jeden Tag über ihre noch so kleinen Fort- und Rückschritte zu freuen, dafür dankbar zu sein, meine Erwartungen auf Null zu stellen und mich immer wieder aufs Neue überraschen zu lassen. Alle meine Hunde lehrten mich bedingungslose Liebe, treue Freundschaft und haben mich niemals enttäuscht. Ein alter Mann, der seine ganze Familie, Frau und Kinder, durch Unfälle und Krankheit verlor, sagte mir einmal: ›Ein Leben ohne Hund ist kein Leben!‹ Drei treue Hundefreunde begleiten ihn und helfen ihm, sein Schicksal zu tragen. Diesen Satz möchte ich unterschreiben.«

Eine Freundin schickte Gitta eine Art Hundegebet für religiöse Menschen. Er lautet:

Eine Leihgabe von Gott
Ich werde dir für eine Weile dieses Tier leihen, sagte Gott. Damit du es liebst, während es lebt, und damit du um dieses Tier trauerst, wenn es gegangen ist.

Vielleicht bleibt es für zwölf oder vierzehn Jahre, oder vielleicht auch nur für zwei oder drei Jahre. Aber wirst du, bis ich es zurück rufe, für das Tier sorgen? Es wird dich mit all seinem Charme erfreuen, und sollte auch sein Aufenthalt kurz sein, wirst du dich immer an das Tier erinnern, auch in deinem größten Kummer. (…).

Wirst du es mit Zärtlichkeit aufnehmen, wirst du es lieben, während du darfst, und für das Glück, das du kennen lernen wirst, für immer dankbar sein? Aber sollte ich es früher zurück rufen, als du rechnest, bitte trage tapfer den bitteren Schmerz, der kommt, und versuche zu verstehen, denn auch für dich ist es eine Erfahrung, die du nur auf der Erde machen kannst. Erinnere dich daran, dass du es mit deiner Liebe umhegen konntest, halte jeden Moment eures vertrauten Bandes fest und sei sicher: Es liebt dich auch jetzt noch, denn unsere Seele ist ewiglich.

Friedrich Schiller sagt einmal im *Wilhelm Tell* »Schmerz ist Leben«. Ein Tod ist immer schmerzhaft, aber das ist ja der Ausdruck unserer Liebe. Christine hat mehrere ihrer Hunde sterben sehen. Besonders ergreifend, ja fast schöpferisch ereignete sich der Abschied von Bodo. Christine: »Er war sehr verspielt. Agility war purer Spaß mit ihm. Im Rettungswesen arbeiteten wir zehn Jahre Seite an Seite. Gemeinsam gingen wir durch Feuer, Wasser, Schmerz und Trauer. Meinem Sohn war er ein treuer Spielkamerad. Als ich meinen Sohn Leo mit seinen beiden Schwestern von der Schule abholte, kippte er im Schulhof auf die Seite. Der Tierarzt meinte, Bodo habe eine Chance, wenn man das Blut, was sich zwischen Herzrand und Herzinnerem befindet, absauge. Kurze Zeit später ging es Bodo besser, doch am frühen Morgen hatte sich sein Zustand wieder verschlechtert. Mein Mann Helmut meinte, ich solle doch noch zum Tierarzt. Als ich mit Bodo dort ankam, kam bei mir ein Panikgefühl auf, und ich stellte mir die Frage: ›Hat er noch eine Chance?‹. Dann stellte sich bei mir eine innere Ruhe ein, und ich wusste, es ist jetzt Zeit, Abschied zu nehmen. Ich dankte ihm dafür, dass er mich begleitet hatte.

Ich sagte ihm, dass er jetzt sterben muss, dass ich ihn loslasse, wenn er bereit ist. Er legte seinen Kopf in meine Arme und starb. Ich empfand ein Gefühl des tiefen, inneren Friedens. Bodo hat mir vieles beigebracht, aber dass der Tod oder das Sterben so schön sein kann, ist ein einzigartiges Geschenk.«

Dürfen wir um einen Hund trauern, das Essen verweigern und uns eine Zeit lang seelisch einmauern? Ist es erlaubt? Ist Trauer nur über einen verstorbenen Menschen statthaft? Ich bin mit der Hundeforscherin Elli H. Radinger der Auffassung: »Wer Trauer vermeidet, kann in der Regel auch keine offene Freude, keine spontane Fröhlichkeit empfinden. Unsere Gefühle sind miteinander verknüpft. Wer das eine nicht intensiv spürt, wird auch das andere nicht so stark erleben. Licht und Schatten gehören zusammen und sind Teil eines großen Ganzen. Die Trauer um ein geliebtes Wesen ist eine heilige Zeit in unserem Leben – und eine wichtige.«

Ich habe monatelang um Halva und Bella getrauert. Wenn ich mit meinem Auto ins Städtchen fuhr, musste ich oft am Straßenrand halten, um meinen Tränen freien Raum zu lassen.

Große Persönlichkeiten haben uns zur Trauer um den vierbeinigen Seelengefährten ermutigt. Friedrich II schrieb 1753 an seine Schwester Wilhelmine von Brandenburg-Bayreuth: »Ich habe einen häuslichen Kummer, der meine Philosophie ganz über den Haufen geworfen hat. Ich gestehe dir meine ganze Schwäche. Ich habe Biche verloren: Ihr Tod hat mir wieder die Erinnerung an den Verlust aller meiner Freunde wachgerufen, besonders dessen, der sie mir geschenkt hat. Ich war beschämt, dass der Tod eines Hundes mir so nahegeht, aber das häusliche Leben, das ich führe, und die Treue des armen Tieres hat mir es so ans Herz wachsen lassen. Sein Leiden hat mich so erregt, dass ich, offen gestanden, niedergeschlagen und traurig bin. Soll man hart sein? Soll man gefühllos sein? Ich glaube, ein Mensch, der gegen ein treues Tier gleichgültig sein kann, wird gegen seinesgleichen nicht dankbarer sein, und wenn man vor die Wahl gestellt wird, ist es besser, zu empfindsam als hart zu sein.«

Der abgesetzte Kaiser Napoleon erinnerte sich in seinem Exil auf St. Helena an ein Erlebnis, als er einmal nachts über das Schlachtfeld ging und die Leichen der Gefallenen da lagen: »Es war in der tiefen Stille der Nacht und bei schönem Vollmond. Plötzlich löste sich ein Hund von den Kleidern eines Toten, sprang auf uns zu und dann gleich wieder zur Leiche zurück. Er heulte schmerzlich, leckte das Gesicht seines Herrn und sprang abermals auf uns zu, als verlangte er gleichzeitig nach Hilfe und Rache. War es die Stimmung des Augenblicks, war es der Ort, die Stunde, die Zeit, der Vorfall selbst oder was auch immer – eines ist gewiss: dass mir niemals auf einem meiner Schlachtfelder ein Geschehnis solchen Eindruck gemacht hat. Ich blieb unwillkürlich stehen und beobachtete das Schauspiel. Dieser Mann, sagte ich mir, hat vielleicht Freunde, sie sind vielleicht im Lager, bei seiner Kompanie, und doch liegt er hier, von allen verlassen, nur von seinem Hunde nicht. Welch eine Lehre gab uns die Natur durch ein Tier!«

Der Komponist und Dramatiker Richard Wagner (1813 – 1883) errichtete seinem Neufundländer ein Denkmal. Zu Wagners 200. Geburtstag ließ die Stadt Bayreuth zahlreiche lebensgroße Neufundländerskulpturen aus wetterfestem Polyester in allen Stadtteilen aufstellen. Meine Frau und meine Geschwister erwarben, unabhängig voneinander, für mich Neufundländernarren zwei Skulpturen. Ich tanzte vor Freude und stellte sie im Bruker-Garten auf. Dort sind sie heute noch zu sehen – mit je einem Medaillon mit einem Farbfoto ihrer strahlenden Hundeschönheit. Gerne spreche ich dort mit Halva und Bella.

Als wir unsere erste Neufundländerin Halva, fast dreizehn Jahre alt, wegen ihrer unheilbaren Herzschwäche und Stuhlinkontinenz einschläfern lassen mussten, hing ich in unserem Gesundheitszentrum, in dem Halva die Besucher schwanzwedeln zu begrüßen pflegte, einen Text auf, den der Dichter Lord Byron (1788 – 1824) seinem geliebten Neufundländer Boatswain dankte:

An dieser Stelle
ruhen die Gebeine von einem,
der Schönheit besaß ohne Eitelkeit,
Stärke ohne Übermut,
Mut ohne Wildheit,
und alle Tugenden des Menschen
ohne seine Laster.

Paradies

Der Wunsch, ein Tier zu halten, entspringt meist einem uralten Grundmotiv, nämlich der Sehnsucht des Kulturmenschen nach dem verlorenen Paradies der freien Kultur.

Konrad Lorenz (1903 – 1989)
So kam der Mensch auf den Hund

Goethe schrieb 1767 in einem Brief: »Wir sind unsere eigenen Teufel, wir vertreiben uns aus unserem Paradies.« Ihr, liebe Schreiberinnen, liebe Schreiber, macht Euch, wie wir gesehen haben, immer wieder auf den Weg in das Hundeparadies. Du Hannelore hast es als Flüchtlingsmädchen, unter anderem nach Einquartierung in ein Lager in Kopenhagen von 1945 – 1947, geschafft, als du die Chance erhieltest, ein Jahr in Schottland bei der Pastorenfamilie Reid zu arbeiten und der häuslichen Enge zu entfliehen: »Die amtliche Arbeitserlaubnis – und Versicherung – gelangte postwendend in einem sehr freundlichen Brief und der Frage, ob ich auch

Hunde mag, in meine aufgeregten Hände. Am 2. Februar 1960 holten mich der Herr des Hauses Mr. Reid und Tochter Patricia (18) abends auf dem Bahnhof von Edinburgh ab.« In der Gesellschaft dieser zwei lieben Menschen fühltest du dich geborgen.

Mein Gott, war das aufregend! Hannelore: »Nun, nach 17 miles by car to Gullane, Eintritt in einen typischen British Windfang eines großen Hauses. Mister Reid schloss auf, ließ mich hineintreten, gefolgt von Patricia. Oha, da stand ich neben Mister Reid und schaute geradeaus auf einen Treppenabsatz: Ein großer Bernhardiner, Brandy, sah auf uns herab, polterte die Stufen hinunter, kam auf mich zu, sprang hoch, legte seine Vorderpfoten auf meine Schultern, schaute mich treu an und stupste mit seiner Nase an meine. Wir waren Freunde!! Gleichzeitig strich ein schwarzer Labrador, Cham, schwanzwedelnd um meine Beine. Freunde!!«

Die Pastorenfamilie verstand Humor: »Beide jungen Hunde lebten noch nicht so lange in der Familie. Cham wurde auf diesen ungewöhnlichen Namen getauft, weil er in einer Champagnerkiste von den Züchtern per car in sein neues Zuhause geholt wurde. Als bald darauf wieder eine Namensgebung für den Bernhardiner ins Haus stand, musste es – folgerichtig für die Familie – auch etwas Alkoholisches sein: also Brandy!« Später brachen die Gastgeber nach Edinburgh auf. Hannelore: »Huch, ich sollte zum ersten Mal nun dreißig Stunden allein in diesem großen Haus verbringen. Drolligerweise fiel sehr bald die innere Beklommenheit von mir ab. Ich war gar nicht allein; Brandy und Cham wichen nicht weg von meiner Seite. Beide warteten sogar vor der WC-Tür. Sie setzten sich auch neben das Klavier, als ich anfing, zu improvisieren. Ich konnte überhaupt nicht spielen. Übte Patricia ihre Etüden, zogen sie jaulend ab. Aber meine Freunde hielten tapfer durch.«

Hannelore, nach deutschem Recht damals noch nicht volljährig, war zum erstenmal allein zu Hause: »Zeit zu Bett zu gehen! Eine Weile lag ich schon, als ich an meiner Zimmertüre solche eigentümliche, weich scheuernde Geräusche wahrnahm. ›Schaue ich nach?‹ war meine bange Frage. Um mir Mut zuzusprechen, schlich ich zur Tür, öffnete und … wer stand vor mir? Brandy schob mich gleich zur Seite, patschte zum Fenster, legte seine hübsche breite Schnauze auf das niedrige Fensterbrett und blieb sitzen. Intuitiv schob ich das – britische – Fenster nach oben! Er musste doch frische Luft atmen können. Derweil hatte Cham es sich schon links neben meinem Bett bequem eingerichtet. Meine Zimmertür ließ ich vorsichtshalber offen stehen. Dann schlüpfte ich ruhig in mein Bett. Am nächsten Morgen wachte ich erfrischt auf und fand meine Freunde noch in derselben Position bei mir vor. So herzlich drückte ich meine Getreuen an meine Brust und flüsterte ihnen viele Male ins Ohr: ›Thank you for all, you good doggy!‹. Wunderschöne angstbefreite Tage und vor allem Nächte schenkten mir diese herrlichen Geschöpfe in den folgenden Monaten, bis ich wieder nach Bremen zurückfuhr, um das letzte Schuljahr mit dem Abi abzuschließen.«

All dies bedeutet Sicherheit und Urvertrauen. Hannelore: »Dieses feine Gespür – Witterung? Instinkt? – wünsche ich uns Menschen immer von neuem. Schützen, Beschützen ohne vorher abzuwägen, das kann, denke ich, nur eine reine unverderbte Natur.«

Aber auch die Paradiese im Leben von Hunden und Menschen haben, das wissen wir, einen Anfang und ein Ende. Hannelore: »Etwa ein halbes Jahr nach meiner Abreise schrieb Mrs. Reid sehr ergreifend: ›Cham ist durch die offen stehende Windfangtür hinausgejagd und auf der vielbefahrenen Straße nach Edinburgh überfahren worden.‹ Alle liebevolle Fürsorge, die dem allein gebliebenen Brandy beschenkt wurde, konnte seine treue Hundeseele nicht retten. Er fraß nicht mehr und verkümmerte. So wurde Brandy zu Cham in den Hundehimmel von der Familie getragen.«

Später reisten Hannelore und ihr – inzwischen verstorbener – Mann Helmut für eine Woche nach Edinburgh. Natürlich besuchten sie die Reid-Family in Gullane: »Ein Golden Labrador begrüßte uns wie ›alte‹ Freunde. Das ist doch verwunderlich, isn't it?« Noch heute schreiben Tochter Patricia und Sohn Dennis Reid Briefe zu Weihnachten. »Ja, lieber Mathias«, bekennt Hannelore glücklich, »während des Schreibens bin ich wieder dieses junge Mädchen von achtzehn Jahren geworden!« Und: »Gerade kommt mir der Gedanke: Brauchten meine beiden Freunde damals auch *meine* schützende Anwesenheit?«

Der Himmel auf Erden beginnt mit einem Freund auf vier Pfoten. Wachen wir auf. Albert Schweitzer (1875–1965) hat immer wieder dazu aufgerufen. Der humanistische Tropenarzt, Theologe und Musiker beobachtet in seinem Werk *Kultur und Ethik*: »Wie die Hausfrau, die die Stube gescheuert hat, Sorge trägt, dass die Türe zu ist, damit ja der Hund nicht herein komme und das Getane durch die Spuren seiner Pfoten entstelle, also wachen die europäischen Denker darüber, dass ihnen keine Tiere in der Ethik herumlaufen. Was sie sich an Torheiten leisten, um die überlieferte Engherzigkeit aufrecht zu erhalten und auf ein Prinzip zu bringen, grenzt ans Unglaubliche. Entweder lassen sie das Mitgefühl gegen Tiere ganz weg, oder sie sorgen dafür, dass es zu einem nichtssagenden Rest zusammenschrumpft. Es ist, als hätte Descartes mit seinem Ausspruch, dass die Tiere bloß Maschinen sind, die ganze europäische Philosophie behext.« Von Schweitzer stammt die legendäre Tier- und Menschenformel: »Leben ist Leben, das inmitten von Leben leben will.«

Ich vermute, der große evangelische Theologe hätte auch einem Hund den Segen nicht verweigert. Das erinnert mich an eine witzige Erzählung *Hundekonfession* eines mir unbekannten Verfassers: »Es war einmal ein Mann, der zu einem Priester ging und bat: ›Herr Pfarrer, ich möchte, dass Sie eine Messe für meinen Hund lesen.‹ Der Priester war empört: ›Was soll das heißen, eine Messe für Ihren Hund lesen?‹ – ›Es war mein Schoßhund‹, sagte der Mann. ›Ich habe ihn geliebt und möchte, dass Sie für ihn eine Messe lesen.‹ Der Priester wehrte ab: ›Wir feiern keine Messen für Hunde. Versuchen Sie es doch bei der Konfession um die Ecke.‹ Schon in der Tür drehte sich der Mann noch einmal um und sagte: ›Zu schade, ich habe diesen Hund wirklich geliebt. Ich wollte für die Messe eine Spende von einer Million Dollar machen.‹ Darauf der Priester prompt: ›Warten Sie doch! Warum haben Sie nicht gleich gesagt, dass der Hund katholisch war?‹«

Die katholische Schriftstellerin Luise Rinser zog die Situation im asiatischen Geistesraum für ihre paradiesische Überlegung heran: »Hindus und Buddhisten essen kein Fleisch. Warum nicht? Weil sie wissen, dass auch im Tier ›Atman‹ ist: Der göttliche Hauch. Das Tier: Eine Manifestation Gottes.« Luise Rinser resümierte: »Es wird lange dauern, bis die Menschheit begriffen hat, dass nicht nur die Völker der Erde ein Volk sind, sondern dass Menschen und Tiere zusammen das ›Reich Gottes‹ sind und dass das Schicksal des einen bereits auch das Schicksal des anderen ist.«

Der Hund macht uns zwei paradiesische Angebote – als eine Art Therapeut und Entwicklungshelfer. Hanna Rheinz formuliert als Ergebnis ihrer Psychologie der Beziehung zwischen Mensch und Tier diese beiden Lebenselixiere: »Das Tier lindert die Erfahrung des Verlassen-Seins. Es macht keinen Unterschied zwischen der emotionalen Bedürftigkeit des Kindes und dem nicht minder starken Verlangen des Erwachsenen. Das Tier scheut Nähe nicht. Im Gegenteil. Es stellt sich ihr und akzeptiert den Preis der Bindung, der für Menschen oft unerträglich ist. Das Tier wartet darauf, beachtet zu werden. Es verlangt, geliebt zu werden, und antwortet furchtlos mit seiner Anhänglichkeit und Zuwendung. Es gibt sich ohne Vorbehalte und rechnet Geben und Nehmen nicht.«

Der Mensch kann mit einem Hund eine neue Erfahrung machen, die seine Kindheitswunden heilen und eine existenzielle Wende einleiten. Hanna Rheinz: »Das Tier ist das Therapeutikum des Psychophoben, die Angst vor den eigenen und den Gefühlen anderer. Es bietet einen Freiraum, wo Gefühle nicht bewertet, abgewogen, begutachtet, verworfen werden. Das Tier vermag ein grausames Über-Ich zu besänftigen, Scham und Schuld aufzuheben. Das Tier ist emotionales Gleitmittel in der Hydraulik der Psyche.«

Die Beziehung Mensch-Hund ist eine atemberaubende und artenüberschreitende Beziehung voller Überraschungen. Hanna Rheinz: »Das Tier bietet sich als Nachhilfelehrer an, auf dem Lehrplan steht Ermutigung: Das Tier ›erlaubt‹ dem Menschen, aus der Maske seines verkorksten Erwachsenenlebens zu schlüpfen und sich als liebenswert und liebevoll zu erleben. Aus dem übersehenen, abgekapselten, ungeliebten Kind, wird ein fröhliches, das auflebt in der Anhänglichkeit des Tieres. Das Tier kann zum Menschen hinführen.«

Ganz in diesem Geist widmet Angela ihrem kleinen liebesstarken Hund Timo zu Lebzeiten das folgende heitere Gedicht:

Wer liebt mich absichtslos und fast ohne Grund?
Ich verrate es Euch: Es ist mein Hund.
Er begleitet mich auch auf meinen krummen Wegen;
Und fragt nicht nach dem Warum und Wieso und Weswegen.
Er ist verspielt, bringt mich oft zum Lachen,
Hat Flausen im Kopf, die einfach Freude machen.
Er tröstet mich, ist stets für mich da,
perfekt in non-verbaler Kommunikation – ganz ohne Seminar.
Er muss irgendwann für immer gehen, mein treuer Begleiter – Bin ich unendlich traurig – doch in meinem Herzen lebt er weiter.

Die Ärztin Angela, die ein Berufsleben lang ihren Patientinnen und Patienten eine treue Helferin war, holt sich ihrerseits von ihrem Mann und eben Timo, dem »Bruder Hund«, Kraft, Liebe und Vertrauen.

Hunde sind ein Synonym für Liebe und Zärtlichkeit. Wenn sie gequält wurden, werden sie oft, wie wir Menschen, zu Neurotikern. Ihr herzstärkendes Wesen überwiegt. Die Schauspielerin Ingrid Steeger, 1947 in Berlin geboren, berichtet (in: STERN 14.03.2021): »Ich bin in ärmlichen Verhältnissen aufgewachsen, wurde jeden Tag verprügelt. Meine Schwester Jutta und ich lebten mehr draußen auf der Straße, zu Hause fühlten wir uns nicht wohl. Unser Kinderzimmer waren Höhlen, die wir uns in Ruinen bauten. Dort spielten wir mit Figuren aus dem Kaugummiautomaten. Liebe und Zärtlichkeit holte ich mir von Hunden aus der Nachbarschaft, mit denen ich Gassi ging.«

Manchmal sind Hunde nach menschlicher Ansicht sogar zu lieb. Balou (Sanskrit: »Jung«), ein Jahr und fünf Monate, Rottweiler, meldete die *Süddeutsche Zeitung* (10.09.2020), war zu brav für die Polizei: Als Diensthund sei er zu lieb gewesen, »fast wie ein Familienhund«, sagte ein Sprecher der Polizei. Balou kam im Welpenalter von acht Wochen nach Bremerhaven, absolvierte eine Ausbildung zum Polizeihund. Er habe sich zwar zu einem ›Kraftprotz‹ entwickelt, sei aber so harmlos geblieben, dass er die Prüfung nicht bestanden habe.

Natürlich fressen sich Tiere, um im »struggle for life« (Darwin) zu überleben. Aber sie sind auch gegenüber ihrer Sippe oder Nachbarschaft oft solidarisch. Wilhelm Busch hat dies in einem fröhlichen Gedicht festgehalten. Was er in Reime fügt, findet in der Realität allerorts statt. Tiere adoptieren mutterlos Gewordene anderer Art. Müssen sich Hund und Katze hassen, wie der Volksmund meint? Ihr Schreiberinnen und Schreiber habt mir so oft erzählerische Miniaturen über Liebe zwischen Hund und Katze geschenkt. Wilhelm Busch rückt in seinem Gedicht *Hund und Katze* ins Bild, wie der Tod der einen die Güte des anderen entfacht:

Miezel, eine schlaue Katze,
Molly, ein begabter Hund,
Wohnhaft an demselben Platze,
Hassten sich aus Herzensgrund.

Schon der Ausdruck ihrer Mienen,
Bei gesträubter Haarfrisur,
Zeigt es deutlich: Zwischen ihnen
Ist von Liebe keine Spur.

Doch wenn Miezel in dem Baume,
Wo sie meistens hin entwich,
Friedlich dasitzt wie im Traume,
Dann ist Molly außer sich.

Beide lebten in der Scheune,
Die gefüllt mit frischem Heu.
Alle beide hatten Kleine,
Molly zwei und Miezel drei.

Einst zur Jagd ging Miezel wieder
Auf das Feld. Da geht es bumm.
Der Herr Förster schoss sie nieder.
Ihre Lebenszeit ist um.

Oh, wie jämmerlich miauen
Die drei Kinderchen daheim.
Molly eilt, sie zu beschauen,
Und ihr Herz geht aus dem Leim.

Und sie trägt sie kurzentschlossen
Zu der eignen Lagerstatt,
Wo sie nunmehr fünf Genossen
An der Brust zu Gaste hat.

Mensch mit traurigem Gesichte,
Sprich nicht nur von Leid und Streit.
Selbst in Brehms Naturgeschichte
Findet sich Barmherzigkeit.

Der Schauspieler Ulrich Tukur setzte in einem Gespräch (Süddeutsche Zeitung Magazin, 6/2018) einem passiven Gottvertrauen aktive Menschenliebe zu Tier und Umwelt entgegen: »Die Welt ist zu furchtbar, sie ist ein Schlachthaus. Es gibt keinen gütigen Gott. Es gibt aber die Liebe zu den Menschen und den Tieren und zur Natur, es gibt Empathie, Licht und Wärme. Das ist göttlich.«

Die Hunde- und Tierliebe, also eine ökologische Philosophie, fordert einen entscheidenden Mentalitätswechsel von uns: Nicht länger dürfen wir als rücksichtlose Beherrscher unseren verletzlichen blauen Planeten verwüsten. Wir sind vielmehr Gäste auf diesem Planeten. Wir teilen sie mit Tieren und Pflanzen. Erst in dieser planetarischen Verbundenheit verwirklichen wir das universelle Recht auf Überleben. Wir streben ein Paradies an. Als Gleiche unter Gleichen.

Als Paartherapeut versuche ich mich sozusagen als Spezialist der Liebe. Ich weiß um ihre Kümmernisse, die chronische Achterbahn der Gefühle. Das Gelingen und das Scheitern. Umso mehr stimme ich den zauberhaften Worten der britischen Schriftstellerin und Tierschilderin Elisabeth von Arnim zu, mit denen sie ihren politischen Klassiker *Alle meine Hunde* einleitet: »Ich möchte zu Beginn die Feststellung machen, dass Eltern, Ehemänner, Kinder, Liebende und Freunde zwar alle durchaus ihr Gutes haben, aber sie sind keine Hunde. Da ich im Laufe meines Lebens alles das auf meine Weise schon gewesen bin – außer dass ich statt zu den Ehemännern zu den Ehefrauen gehörte –, weiß ich, was ich sage, und bin wohl vertraut mit dem Auf und Ab, dem täglichen, ja zuweilen fast stündlichen Stimmungswechsel, der offenbar unvermeidlich die Liebe der überempfindlichen Menschen zu begleiten pflegt. Hunde sind diesen Schwankungen nicht unterworfen. Wenn sie einmal lieben, dann tun sie es beständig, unwandelbar, bis zu ihrem letzten Atemzug. So möchte ich gern geliebt werden.«

Lassen wir, gegen Ende unserer vierbeinigen Reise, uns die Hundeliebe ein Vorbild sein. Odysseus, der nach dem Trojanischen Krieg lange im Mittelmeer von Küste zu Küste irrt, hat am Schluss, wie Homer beschreibt, die treueste Liebe gefunden. Denn Argos, der Jagdhund des Odysseus, hat im Palast von Ithaka 20 Jahre auf die Rückkehr seines Herrn gewartet. Als einziger erkennt er ihn. Argos ist aber zu schwach, sich vom Misthaufen zu erheben, auf dem er, von Ungeziefer zerfressen, liegt. Er wedelt mit dem Schwanz, senkt die Ohren und stirbt. Der Lyriker Günter Kunert rückt ins Bild, wie der von Göttern Gejagte diese Liebe erfährt:

Heimkehr

Wiedererkannt hat ihn nur
sein alter Hund. Gewisse Geschöpfe
erwittern unbeirrt ihresgleichen.
Reise wohin es dich trägt, du bleibst
dennoch derselbe. Ich höre den Nachhall
von Penelopes inquisitorischen Fragen,
höre die Mär von den Freiern, aber
der Hund! Der Hund gab sich
ohne Zögern unter deine müde Hand.
Schweigen verhindert Misstrauen.
Wahre Liebe bedarf keiner Worte.
Wo eine Berührung genügt,
haben die Götter
ihr böses Spiel verloren.

Wie in höchster Not der vierbeinige Seelengefährte zum paradiesischen Trost werden kann, das rühmt Barbara an ihrem Hund mit dem köstlichen Namen »Tante Käthe«. Mit diesem, ich möchte fast sagen, heiligen Text schließen wir unsere Liebeserklärung an unsere Schutzengel auf vier Pfoten. Danke, tapfere Barbara:

Liebe Tante Käthe,
unser Glück fing an, als Deine kleine feuchte Hundenase unter dem Stuhl schüchtern zum ersten Mal meine Hand anstupste. Ich war gerade dabei, Deine Geschwister kritisch zu betrachten, um mir den schönsten, größten, stärksten und schlausten Welpen des Wurfes herauszusuchen. Stattdessen krabbelte ich unter den Stuhl und fand Dich, klein, zart und schüchtern.

Du liegst gerade entspannt auf Deinem Kissen, strahlst Ruhe und Wohlbefinden aus bis in mein Herz. Danke. Wir sind nun 5 und 55 Jahre alt und viele, viele Hunderte Kilometer gemeinsam gegangen. Wir haben Wind und Wetter getrotzt und viele glückliche Momente geteilt. Ich muss lachen, wenn wir mittlerweile synchron die Beine heben, um über Nacktschnecken zu steigen, die unseren Weg kreuzen. Danke für unzählige schöne Momente. Ich danke Dir für Deine unablässigen Bemühungen, mir täglich Freude zu schenken, und

Deine Geduld, wenn ich träge oder traurig bin. Ich freue mich, dass Du Teil meines Lebens geworden bist. Danke für Deine Liebe. Bis zu Deinem letzten Schritt möchte ich Dich begleiten.

Nun habe ich Krebs, und es ist Dir egal. Du gibst mir jeden Tag Nähe und Liebe, ob ich lache oder weine. Dein Respekt und Dein Vertrauen in mich geben mir Kraft. Wir wissen nicht, wer von uns wessen letzte Schritte begleiten wird. Doch das ist egal. Du hast mich gelehrt, im Hier und Jetzt zu leben.

Auf, meine Liebe, wir müssen los.

Ein Verlag, ein Haus, eine Philosophie.

Millionen Bundesbürger kennen den kämpferischen Ganzheitsarzt Dr. Max Otto Bruker (1909–2001) aus dem Fernsehen, aus Vorträgen, durch den „Mundfunk" überzeugter Patienten. Vor allem lesen sie aber die rund 30 Bücher des schwäbischen Humanisten und Seelenarztes. Mit einer Gesamtauflage von mehreren Millionen Exemplaren ist Max Otto Bruker der wohl bedeutendste medizinische Erfolgsautor im deutschsprachigen Raum. Der – in der Nachfolge des Schweizer Reformarztes Bircher-Benner scherzhaft „Deutschlands Vollwertpapst" genannte – Massenaufklärer, langjährige Klinikchef und Ernährungsspezialist lehrt zwei fundamentale Erkenntnisse Patienten wie Gesunden: Der Mensch wird krank, weil er sich falsch ernährt. Der Mensch wird krank, weil er falsch lebt.

Hinter den Erfolgstiteln des emu-Verlages steht ein bedeutender Forscher und Arzt, eine Bewegung, ein Haus und tausende Schülerinnen und Schüler. 1994 wurde das „Dr.-Max-Otto-Bruker-Haus", das Zentrum für Gesundheit und ganzheitliche Lebensweise, auf der Lahnhöhe in Lahnstein bei Koblenz bezogen. Es stellt die äußere Krönung des Brukerschen Lebenswerkes dar: Der lichte Bau mit seinem Grasdach, den Sonnenkollektoren, seinen Seminarräumen, dem Foyer mit der Glaskuppel, 18 biologischen Gäste-Appartements, dem wunderschönen Brukergarten mit Kneippanlage, Raum der Stille, Naturwald und dem Lehrpfad sind als Treffpunkt für all jene konzipiert, denen körperliche und seelische Gesundheit, ökologische und spirituelle Harmonie Herzensbedürfnis und Sehnsucht sind.

Hinter dem eleganten Halbmondkorpus mit dem markanten Grasdach verbirgt sich eine Begegnungsstätte für Gesundheitsbewusste, Seminarteilnehmer, Trost-, Ruhe- und Anregungsbedürftige.

Feste Termine:

Jeden Montag, 19.00 Uhr: Gesprächskreis Lebenskrisen mit Hassan El Khomri, Psychologischer Psychotherapeut
Jeden Dienstag, 18.30 Uhr: Vortrag Dr. phil. Mathias Jung (Lebenshilfe und Philosophie)
Jeden Mittwoch, 10.30 Uhr: Fragestunde mit Dr. med. Jürgen Birmanns (Ärztlicher Rat aus ganzheitlicher Sicht)

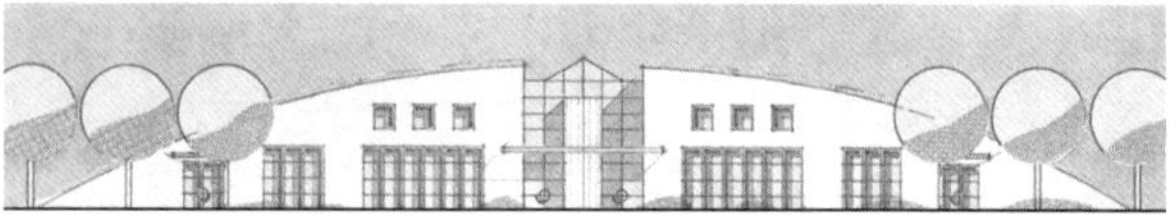

Das Dr.-Max-Otto-Bruker-Haus

Ausbildung Gesundheitsberater/in GGB
Lebensberatung/Frauen-, Männer- und Paargruppen

Die vitalstoffreiche Vollwertkost hat ihre Verbreitung, auch im klinischen Bereich, durch die unermüdliche Information und praktische Durchführung von Dr. M. O. Bruker gefunden. Um die Erkenntnisse gesunder Lebensführung und die durch falsche Ernährung provozierte Krankheitslawine ins öffentliche Bewusstsein zu rücken, bildet die von ihm 1978 gegründete „Gesellschaft für Gesundheitsberatung GGB e. V." ärztlich geprüfte Gesundheitsberaterinnen und Gesundheitsberater GGB aus. Über 5000 Frauen und Männer haben bislang die berufsbegleitende Ausbildung bestanden und wirken in Volkshochschulen, Bioläden, Lehrküchen, Krankenhäusern, ärztlichen Praxen, Krankenversicherungen und ähnlichen Bereichen.

Auf der Lahnhöhe erhalten Sie durch das GGB-Expertenteam nicht nur eine sorgfältige Grundlagenausbildung über die vitalstoffreiche Vollwerternährung und den Krankmacher der „entnatürlichten" (denaturierten) Zivilisationsernährung (raffinierter Fabrikzucker, Auszugsmehle, fabrikatorische Öle und Fette, tierisches Eiweiß usw.), sondern gewinnen auch Einblick in die leibseelischen Zusammenhänge der Krankheiten.

Praxisseminare/Kochkurse

Das Dr.-Max-Otto-Bruker-Haus verfügt über eine Lehrküche sowie einen großen Kräutergarten. Es werden zahlreiche vegetarische Koch- und Backkurse für eine moderne vitalstoffreiche Vollwertkost angeboten. Der Schwerpunkt liegt auf einer „alltagstauglichen", aber dennoch fantasievollen, gesunden Ernährung ohne Tiereiweiß.

Das Programm umfasst Einführungskurse in die vitalstoffreiche Vollwertkost, Brotbackkurse, Männerkochkurse, Weihnachtsbäckerei, einen Kurs „Kaltes Büfett" und auch Wildkräuterseminare (incl. Zubereitung von Wildkräutergerichten).

Anfragen zur Gesundheitsberater-Ausbildung und Praxis-Seminaren in der Lehrküche in Lahnstein, wie zu den Selbsterfahrungsgruppen, Lebensberatung, Paartherapie und Psychotherapie bei Dr. Mathias Jung und Psychologischer Psychotherapeut Hassan El Khomri, zu weiteren Tages- und Wochenendseminaren sowie Einzelberatung sind zu richten an die

Gesellschaft für Gesundheitsberatung GGB e.V.,
Dr.-Max-Otto-Bruker-Str. 3,
56112 Lahnstein
Tel.: 02621/917017, 917018, Fax: 02621/917033
E-Mail: seminare@ggb-lahnstein.de
Internet: www.ggb-lahnstein.de

Fordern Sie ebenfalls ein kostenloses Probe-Exemplar der Zeitschrift „Der Gesundheitsberater" an.

Von Dr. Jung sind im emu-Verlag Märchendeutungen in der »gelben reihe« erschienen:

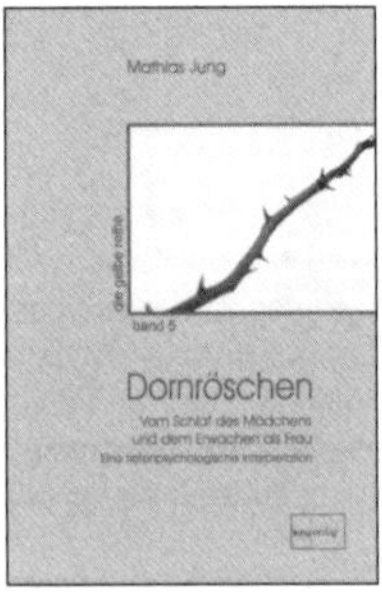

Von Dr. Jung sind im emu-Verlag in der »roten reihe« erschienen:

Von Dr. Jung sind im emu-Verlag in der »blauen reihe« erschienen:

Weitere Bücher von Dr. Mathias Jung aus dem emu-Verlag:

Bereits in dieser »Kleinen Reihe« erschienen:

Von Dr. Jung sind im emu-Verlag bisher in der Sprechstunden-Reihe erschienen:

Von Dr. Jung sind im emu-Verlag bisher in der Sprechstunden-Reihe erschienen:

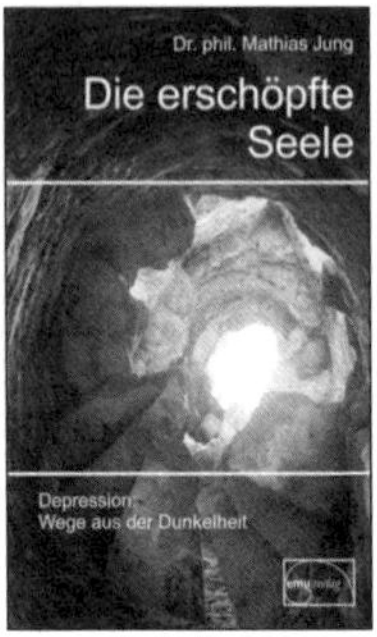